阿拉伯數字起源於中國

——阿拉伯數字形狀起源於中國

作者：梁軍

2023 年 3 月 27 日

ISBN:9798227927583(平裝)

2024 年首次印刷

自序

在人類社會專利制度創立以前的發展史中，中國古代悠遠綿長的歷史、厚重輝煌的文化科技成果對人類社會文明做出了巨大的貢獻，這些貢獻鐫刻著人類政治、經濟、文化、科學、技術、宗教、哲學等各個生產生活領域進步的印跡，留下了寶貴、豐富的遺產，且繼續激勵、影響著現今中國人，推動整個人類社會向前發展。如人所共知的四大發明，以及陶器燒制、絲綢織造、茶葉生產和瓷器製造等等。

正如美國教授羅伯特·K·G·坦普爾（Robert K.G.Temple）所指出的那樣，中國是一個發明的國度，中國對世界的貢獻絕不僅僅只有四大發明。中國科學院外籍院士英國的李約瑟博士（1900.12.9—1995.3.25）在《中國科學技術史》中提出中國古代科學技術的三十四項世界之最。而羅伯特·K·G·坦普爾教授在《中國：發明與發現的國度》中認可了中國古代一百項的科技發明處於世界第一，占人類創造發明的 70% 左右。

然而，這些貢獻中的很多事實及真相都已被歷史所淹沒、被時間所淡忘，似人類之於宇宙，顯得落寞而孤獨。當今國人對我們祖先在科學技術上的發現與發明居世界領先地位的史實知之甚少，中國古代的發明幾乎涵蓋了現代科技發展的全部領域，這是我們必須向世界及後人交代清楚的。

一次偶然的機會讓我品讀了新加坡國立大學數學系藍麗容教授在中國科學院自然科學史研究所所作的學術演講《數學在傳統中國的歷史：個人經驗談》。在景仰其謙遜品德、淵博知識、敬業精神之餘，對其演講中所表述的兩段話語產生了一絲疑問。這兩段話語分別是："我本身是支持印度－阿拉伯數字系統起源於中國籌算"及"發明數字系統的概念和想法，這是不應該和九個符號的形狀的起源混為一談的...我同意現在印度－阿拉伯數字系統的九個符號是起源於印度婆羅門數字系統的頭九個數字"。即藍教授認為印度－阿拉伯數字體系中的十進位值制是古代的中國發明的，然而卻同意印度－阿拉伯系統中的數字 1、2、3...9 的形狀是起源於印度。這是不可思議的。

印度次大陸地區引進了中國的十進位值制系統中所有的元素，為何卻獨獨把能直接表達其位置數目大小的文字形狀變為本地區的符號呢？這是極其不符合常理的。比如我們引進一些專業領域的符號，正常情況下，我們一般只會依據本地區的文化文字進行同義的注解或翻譯，比如：π（讀音：派），我們文化中稱其為"圓周率"，即圓的周長與直徑的比率，所以我們叫"π"就為"圓周率"；實在是用本地區文化文字無法匹配解釋的文字符號，大家最多就是音譯了，比如："α射線"稱"阿爾法射線""β射線"稱"貝塔射線"等等。而我們絕對不會去刻意地將"π""α""β"的字元形狀改變為本地區的字體形狀。

有了這個問題，於是我便帶著疑慮開始了思考，搜集相關的資訊和資料，研讀和判別其中的線索和證據，最終著筆開始了相關文章的寫作。

"心學始祖"陸九淵（宋 1139.3.26-1193.1.18）說過：已知者，則力行以終之；未知者，學問思辨以求之。

在寫作過程中，由於客觀原因缺乏最直接的證據能證明我們的觀點，如印度次大陸、阿拉伯地區古代相關的數學文獻中說明阿拉伯數字來源於或者引薦於中國等，於是我們不斷地向自己提出新的問題，充分利用資訊時代的便利條件進行檢索，一次不行就兩次，兩次不行就十次；資料查詢一份不行就兩份，十幾上百份資料才會有比較接近真相的真實解答。甚至是當找到一個問題的答案時，卻發覺可能還有幾個相關的問題需要更深入地進行探討和考證。由千絲萬縷中厘清頭緒，於無數偶然中發現必然，在簡單又繁瑣的事物之中找到其內部聯繫及其發展變化的客觀規律，可能就離真相越來越近了。

同時在寫作中通過運用中國文化文字字形實物的演化與古印度文化文字實物進行對比論證的方法，引用了一些參考文獻，借鑒了部分志同道合學者的觀點，然後對比分析，精耕深挖，堅持不懈地尋根溯源。這期間運用最多的工具是中國國家圖書館中華古籍資源庫、《字源》

、漢典、書法大師等等，在這裏一併表示感謝。

檢索收集、閱讀理解、整理分類、邏輯推導、思辨、對比、證實、證偽等方法，是始終貫穿在整個寫作過程之中的。而其中邏輯推導及思辨屬於重中之重。

"思辨"即思考辨析，它是一種思考方式。經過思辨可以尋找事物的內在聯繫，通過邏輯推導可以獲得一個新的結論。

所謂思考是指分析、推理、判斷等思維活動；所謂辨析是指對事物的情況、類別、事理等的辨別分析。

在沒有直接的證據和文字記載來證實事物真相的情況下，經過思辨和實踐檢驗兩個方面的結合，基本上就可以真實地揭示事物的原本面目了。

在如今資訊爆炸的時代，我們應該多讀書多學習，那我們不是專家起碼也能是個學習者，簡稱學者。但資訊的海洋中很多人容易迷失，太多的垃圾資訊充斥著人們的生活，如何保持追求和探索的方向至關重要。

學以致用，知行合流才是能實際產生成效的關鍵，才能揭示事物的真相。

從我個人本身來說，我並不是一個具有相當高學歷的學者，只是一個普普通通的學習者、一個中華文明的探索者，但我對知識的渴望，對事物本源探求的興趣，發現問題，找出問題，研究問題，分析問題，解決問題的想法還是有的。如果說我能夠幸運地憑藉相關的知識和方法探索到阿拉伯數字起源於中國的真相，那麼在當今中國有將近幾億比我更有學歷和能力的高端人士，必定也能做出比我更加出色的成績。

那麼這些沉寂、埋沒的歷史真相將有極大的可能被大家的努力所發掘，這是我們這些歷史中人應該盡到的歷史責任和義務。不然在不久的將來，這些真相可能會隨著一些現有技術的淘汰將永久淹沒，這些技術有如籌算、珠算等等。

以上便是進行本次寫作的想法、初衷與過程，在此分享與大家，與各位共勉。

梁軍於武漢

2023 年 3 月 27 日

阿拉伯數字起源於中國

——阿拉伯數字形狀起源於中國

作者：梁軍

引言

第一章　印度－阿拉伯數字系統名稱中的地理概念
　一、　　　西方古代對印度地理概念的認知
　（一）西方古代對印度名稱的認知

　（二）西方古代對印度的地理位置是怎樣認識的

　（三）西方古代在歷史上對印度是怎樣認識的

　（四）西方古代把包含中國在內的東亞都稱為印度

　二、　　　阿拉伯的地理概念
第二章　阿拉伯對印度－阿拉伯數字系統的傳播
第三章　印度次大陸文字的形狀特徵
第四章　印度－阿拉伯數字系統中的中國基因
　一．　　　十進位值制
　二．　　　早期有關印度算術著作中的中國元素
　三．　　　引薦人時代背景的中國基因
第五章　印度－阿拉伯數字系統數字源於中國的邏輯背景

　一．印度－阿拉伯數字系統產生的背景與中國的聯繫

　二．印度－阿拉伯數字系統自身的中國成份

第六章　印度－阿拉伯數字系統數碼的字體形狀演變

　一．中國數碼的書寫形狀表達

　二．印度－阿拉伯數字系統數碼的書寫形狀表達

　三．印度－阿拉伯數碼的字體形狀演變

　（一）.數字"0"

1.數字"0"的產生

（1）位值制與"0"的產生

（2）籌算與"0"的產生

（3）負數與"0"的產生

2.數字"0"的定義

3.數字"0"字體形狀的起源發現

（1）印度次大陸對"0"的發現

（2）中國數字"0"的產生和發展過程

4.數字"0"的形狀演化

（1）中國數"〇"概念的文字替換發展線路

（2）中國數"〇"文字形狀發展線路

關於"星"字

關於"零"字

關於"員"字

關於"〇"的音和義

（3）中國數"〇"文字符號及形狀的變遷和融合線路

（4）次大陸數"0"的概念和文字形狀發展線路

5.為什麼說"0"是中國發明出來的，而不是次大陸

（二）數字"1"

（三）數字"2"

（四）數字"3"

（五）數字"1""2""3"小結

（六）數字"4"

（七）數字"5"

（八）數字"6"

（九）數字"7"

（十）數字"8"

（十一）數字"9"

（十二）總結

第七章　絲綢之路對中華文明傳向西方的作用
　　一.絲綢之路的背景和概述

　　二.絲綢之路對中華文明傳向西方的作用

　　三. 阿拉伯數字系統西傳的時間和階段

第八章　當下才能做出數字形狀發源於中國結論的原因背景
第九章　寫在最後
參考文獻

引言

　　阿拉伯數字又稱印度－阿拉伯數字系統。國際科學史研究院院士、新加坡國立大學退休教授藍麗容認為：印度－阿拉伯數碼體系中十進位值制來源於中國，而體系中 1 到 9"九個符號的形狀"來源於印度次大陸的"婆羅門數字"（藍麗容《中國科技史料》第 16 卷 第 3 期 1995 年：54-57 頁《數學在傳統中國的歷史：個人經驗談》）。

藍麗容院士在這裏所說的"婆羅門數字"，實際上就是指的"婆羅米數字"。"婆羅門"即英文"Brahman"的中文音譯，我們使用任何中文譯英文的翻譯軟體查詢都可以得到這個結論："婆羅門"="Brahman"。

而"Brahman"另一個中文譯名被稱為"梵天"。"梵天"這個詞翻譯成英語就是"Brahman"的意思。

所以"梵天"就是"婆羅門"，"梵文"就是"婆羅門文"，而"梵文"最早的文字書寫系統就是"婆羅米文"（Brahmi），其後由"婆羅米文"（Brahmi）演化發展出多種印度次大陸的書寫體系，如："悉曇體""天城體""藍劄體""緬文""泰文"等等，甚至包含"藏文"。而"婆羅米文"（Brahmi）還可以翻譯為"婆羅迷文""梵天書""梵寐書"等等，本文將統稱其為"婆羅米文"，那麼使用"婆羅米文"書寫系統表達的數字我們就稱其為"婆羅米數字"，即藍麗容院士所說的"婆羅門數字"。

我們所要指出的是印度－阿拉伯數字系統中的數碼形狀起源於中國漢語書寫系統，而不是印度次大陸婆羅米時期的"婆羅米數字"。

印度－阿拉伯數字字碼符號形狀（即阿拉伯數字）來源於中國。對，你沒看錯，就是我們大家日常生活中使用最普遍的而且所有社會發展和科學研究都幾乎離不開的"0.1.2.3.4.5.6.7.8.9"這總共十個印度－阿拉伯數字系統數字（通俗稱為阿拉伯數字，含十進位值制）。印度－阿拉伯數字系統中的數碼形狀因其"筆劃簡單、結構科學、形象清晰、組數簡短"等特點，在人類社會有著很高的使用頻率，對人類社會的發展和進步起著至關重要的作用，甚至可以說是人類文明發展的基礎。現在的主流觀點都認為其是印度河流域（以下稱為印度次大陸）最早發明出來的。但我們在這裏所要闡述的觀點是：印度－阿拉伯數字字碼符號形狀（即阿拉伯數字）是由中國人發明的，它起源於中國。

我們再來更準確地表述本書標題的內容就是：印度－阿拉伯數字字碼符號形狀（即阿拉伯數字字碼十個符號的形狀）是直接起源於中國，來源於中國漢語數目文字的各種書寫形式，尤其是包括數目文字行書和草書的字體書寫形式。

直接上圖（參見圖 1-1）。

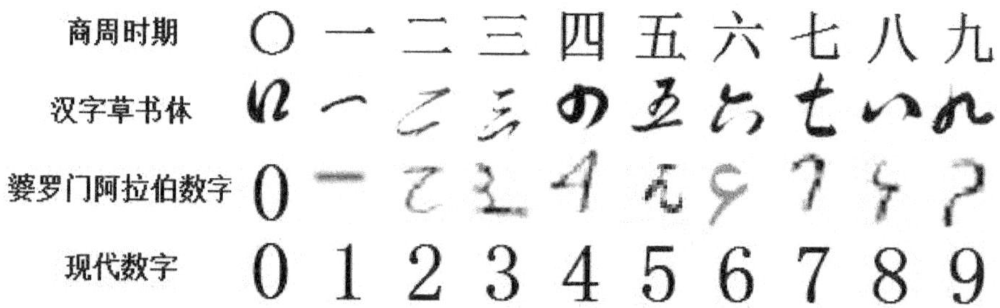

圖 1-1 中印數字形狀比較

可以看到，我們上面的表中選擇的草書數碼的字體，都是來自中國著名的書法大家，具備一定的代表性，這些字體字形都是基於草書一筆成字的書寫特徵而演化出來的。其快捷、簡單、方便的書寫形式甚至超過了印度－阿拉伯數字系統。比如，規範的印度－阿拉伯數字系統"4"和"5"，都需要書寫 2 個筆劃才能完成。而中國一筆成字的草書卻都只需要使用一次筆劃就可以完成書寫，如圖中："の""五"，這種優勢即為中國能夠多次抵禦現代印度－阿拉伯數字系統引入中國的重要原因之一。

草書字體不屬於一種端莊、規整的文字字體，沒有固定、規範的筆劃規定，字跡潦草難辨是其特性，並且不同的人寫的同一個漢字可以完全不同形，是真正的"百人寫字，各不相同"。

這個表中的草書數碼形狀還可以再變動一下，如下（參見圖 1-2）：

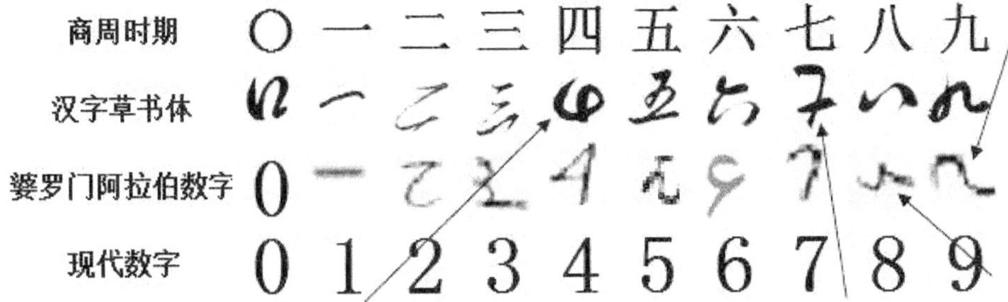

圖 1-2 中印數字形狀變動比較

這種草書數碼字形的演變和轉化其整體已經非常接近現代的印度－阿拉伯數字數碼形狀了。其實，這種演變還並沒有完結。

可以看到，第二排的中國漢語數字形狀與第三排的婆羅門（即婆羅米）阿拉伯數字形狀有多麼相像，不說多了，至少 70%－80%相似度還是有的吧。而這些字體都出自中國古代的一些書法大家，應該不會有什麼問題。

那剩下的 20%－30%相似度的問題是怎樣演化的呢？在這裏我們將會做一些淺顯的探討和分析，希望與大家共用。

說到印度－阿拉伯數字符號，就不得不向大家先介紹幾位世界著名的科學家，以表達我們對這些為數學發展所做出偉大貢獻的科學家的敬意。

一，al-Khwarizmi 花拉子米（約 780～約 850 年），世界代數之父；數學可說是由花拉子米定形的。

二，伊本·拉班（Kushyar ibn Labban 971 年—1029 年）

三，熱貝爾，976 年，西爾維斯特二世教宗，原名冀培爾（熱貝爾 Gerbert dAurillac）的羅馬教皇。

四，斐波那契（1175 年—1250 年），就是說到黃金分割就離不開的斐波那契數列的那個數學家斐波那契。1202 年，斐波那契

（Fibonacci）撰寫了《算盤書》（Liber abaci），其中列出了他在阿拉伯國家學到的算術和代數，並將阿爾·花拉子米的印度數字引介到歐洲，逐漸代替了歐洲原有的算板計算及羅馬的記數系統，在歐洲產生了很大影響，十進位值制系統最終被歐洲採用。在西方數學史上，斐波那契被認為是為歐洲人引入東方數學基礎知識的啟蒙人物。

五，現代國際科學史研究院院士藍麗容教授。

在人類文明的歷程中，數學扮演著極其重要的角色：日常交易的計算、科學研究的工具、研究方法的範式……而在數學的發展過程中，數字是其最基本的元素。

數學知識被很多科學家、哲學家推崇，稱之為"科學之科學"，笛卡爾認為一切知識都應該像數學知識那樣有堅定的基礎和清晰的邏輯；尼采說"如果沒有數字所製造的關於宇宙的永恆的仿造品，則人類將不能繼續生存"；赫爾曼外爾認為"數學是無窮的科學"；20 世紀最偉大的科學家愛因斯坦說"生命只為兩件事，發展數學與教授數學"……可見數學在科學史中的重要位置。數字的發現對於數學科學的發展產生了極大的作用。

數學是由代數和幾何兩個方面組成的，因此科學的數字的產生對於代數的發展有著極大的推動作用，甚至是一切代數產生的基礎。除此以外，代數對於幾何而言，起著一定的工具性作用，沒有代數就不可能有邏輯如此完美的幾何體系。

數字在日常生活中起著不可或缺的作用，小到商品買賣、金融交易，大到國防技術研究、航太軌道計算，都離不開 10 個阿拉伯數字。完善的數字系統的產生使得後來數學取得的巨大成就成為可能，為數學的大廈奠定了最初的基礎。

人類歷史上，數的概念的形成大約發生在 30 萬年前，但直到距今 5000 年左右才開始出現一些不同的書寫記數法和相應的記數系統，其中有蘇美爾 60 進位制數字系統、古埃及數字系統、中國的十進位值制數字系統及後期的羅馬數字系統等等。

得益於藍麗容院士的研究結論，其認為：印度－阿拉伯數碼體系中十進位值制來源於中國，而該體系中的數碼形狀來源於印度次大陸的"婆羅門數字"（《數學在傳統中國的歷史：個人經驗談》，見載於《中國科技史料》第 16 卷 第 3 期 1995 年：54-57 頁）。所以我們現在只存在討論現代十進位值制數字系統字碼形狀的起源到底是在印度次大陸還是中國的問題，在這裏我們就不以討論其他地區數字系統的數碼形狀問題為重點了。

第一章，印度－阿拉伯數字系統名稱中的地理概念

說起印度－阿拉伯數字系統，印度和阿拉伯是繞不開的兩個定語成分。其一，他們說明了該數字系統的來源地區；其二，界定了該系統十進位值制的數字系統屬性。

阿拉伯數字，最先開始人們以為是由阿拉伯人創造出來的，所以叫阿拉伯數字；後來經過研究發現，這些數學概念只是阿拉伯人向世人推薦介紹的，它們的真正來源是印度或者印度河流域（即印度次大陸），所以就稱其為印度－阿拉伯數字，與其相關的一整套理論就叫印度－阿拉伯數字系統。

但印度－阿拉伯數字系統真是來源於印度、印度河流域（印度次大陸）嗎？事實可能並不是這樣。

本書裏面我們嘗試著從最早記載著印度－阿拉伯數字的原始著作和資料上尋找一些答案。

經人們研究，我們瞭解到花拉子米是目前已知的世界上最早系統地敘述了印度的十進位值制記數法和以此為基礎的算術知識及運算方法的人。其在 810 年所寫的阿拉伯語《算術》，對世界普及十進位值制起了很大作用。

花拉子米在寫《算術》時，稱其十進位數學來自"辛度（Hinde）"地區，即"辛頭河"流域（唐以後稱印度河），在現代的巴基斯坦地區。但是，《算術》原本已經佚失、散失，且無書名。

藍麗容院士說："雖然稱之為印度－阿拉伯數字系統，卻無任何證據顯示這數字系統起源於印度。那些曾寫過有關文字的人以為既然阿拉伯人叫它們印度數字，那它們自然是來自印度的。"

也就是說，是"翻譯""推介"者告訴大家："花拉子米到過印度，花拉子米傳的這套"阿拉伯數字"源於印度。在書裏面，花拉子米屢次親口說他看見印度人就是這麼寫數字，這麼做運算的"。

把花拉子米《算術》首次引介推廣到歐洲的翻譯者就是十二世紀來自義大利的斐波那契。

但是，早在十世紀，熱貝爾（羅馬教皇），在西班牙發現《維希拉努斯抄本》（參見圖 2-1）。它包含了歐洲出現十進位數字的第一個證據。

熱貝爾將當時的羅馬數字與阿拉伯數字實現輕鬆系統轉化，然後著書用於教學、進行推廣。

他作為一名學者，被後世認為是十世紀末期學界的領軍人物影響深遠：在他之後，越來越多的學者認識到當時伊斯蘭文明的先進性，向伊斯蘭文明學習知識，翻譯文獻，從這個角度來說，西爾維斯特二世正是後世文藝復興偉大的先驅。

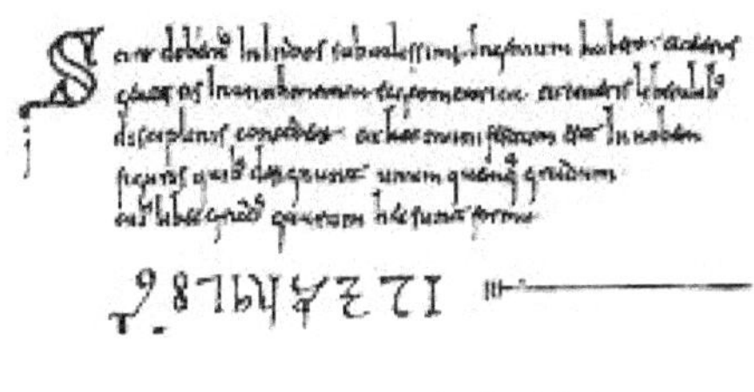

圖 2-1　《維希拉努斯抄本》

十世紀的伊本·拉班《印度算術原理》一書是世界上現存最早一部關於印度數碼的阿拉伯文著作，藏於伊斯坦布爾（君士坦丁堡）。十五世紀一位東羅馬君士坦丁堡的數學家將《印度算術原理》翻譯成希伯來文藏於英國牛津大學。

我們查閱了以上幾份資料中的相關資訊，得出以下認識，不管是花拉子米，還是伊本·拉班，他們都沒有說明其印度算術的內容來自哪些印度書籍，其書中的地理區域資訊始終不能明確。

在此情況下，最早的翻譯者和推薦者對原始檔資料中的資訊理解，尤其是對那些模糊不清的資訊理解就顯得尤為重要，且非常重要。

也就是說在這些知識資訊來源的地理區域的問題上熱貝爾、斐波那契、翻譯伊本·拉班著作的君士坦丁堡的數學家等，對地理的認知非常重要。

然而我們可以看到，他們都是中世紀的歐洲人，那麼歐洲人在中世紀對世界地理的認知是怎樣的呢？

非常遺憾，中世紀的歐洲對世界地理的認知是非常原始和混亂的，但其中也有邏輯可循。

一、　西方古代對印度地理概念的認知
（一）歐洲古代對印度名稱的認知

1. 古希臘稱呼印度的名稱：希羅多德等人將印度稱為"Indoi"。

2. 古羅馬對印度的稱呼：古羅馬稱印度為"India"，並在其地理著作中描述了印度的位置和一些特色。

3. 薩珊波斯帝國對印度的名稱：薩珊帝國稱印度為"hindu"。歐洲古代對印度的認知可以追溯到薩珊帝國時期。薩珊帝國是波斯帝國的後繼者，與印度有著經濟和政治上的接觸。他們將印度稱為"hindu"，這個詞源於波斯語中的"Hindush"。這一名稱逐漸成為歐洲對印度的通用稱呼。

（二）、西方古代對印度的地理位置是怎樣認識的

1. 西方中世紀的地圖

大家都知道對地理知識的認識一般都會從地圖入手，在歐洲古代也是一樣，人們對世界的地理位置認知主要基於一些古代著作和地圖。其中中世紀的世界地圖最有影響力的即 T-O 地圖，其對整個世界的認知是三個部分，即歐羅巴、非洲和"亞細亞"（Asia），當中分割三者的河流或海洋呈拉丁字母 T 的形狀，而所有陸地被 O 形的大海所包圍，東方朝上、西方朝下。關於 T-O 地圖的一些實物圖片，感興趣的朋友可以非常方便地在互聯網上檢索得到。

如西元 7 世紀產生於西班牙，現藏於大英博物館的 T-O 世界地圖，其圓圈形狀也寓意上帝創造的世界完美對稱。由於地圖版權原因，大家可以自行查詢網文《那些"大神"級的古代地圖》，搜狐，學苑出版社官方 2018.1.4 中的地圖。

現藏於牛津大學博德利圖書館的《伊德裏西地圖》是 1553 年左右的

對西班牙 1154 年《伊德裏斯地圖》的臨摹本，該圖示志著"希臘、拉丁、阿拉伯學術三大地中海傳統"在同一部書和同一幅圖中的"彙集"，代表著 12 世紀世界地圖繪製的一座高峰。——摘自《李軍：圖形作為知識—十幅世界地圖的跨文化旅行》中央美術學院藝術資訊網 2020.11.13

2. 教會的地圖

後來，歐洲教廷把它變為下麵這樣：圓形地圖中的最上方小圓圈內相對的兩張臉為"亞當夏娃"之地，即聖經中的"伊甸園"；右上方向最底部長長的倒圓錐形建築即為聖經中的"巴比倫（巴別）通天塔"。大家可以參考"張暢《中世紀的人，安心接受自己只是世界的一個部件｜專訪包慧怡》《讚美詩地圖，十三世紀英國。》新京報 2018.10.30"中提供的地圖。

可見阿拉伯數字系統在歐洲興起的十三世紀之時，整個歐洲對東方世界的地理認知都還沒有超過巴比倫和南亞次大陸。

教會在中世紀時期也起到了一定的地理教育作用。教會通過製作和傳播地圖來推廣基督教，在這些地圖中通常也會標注部分南亞次大陸的位置。雖然教會地圖的精確性有限，但依靠其強大的統治權力，依然對歐洲人的印度認知產生了比較廣泛和具體的影響。

3. 波特蘭海圖

另一部具有重要地位的地理資料是波特蘭海圖。這幅海圖繪製於 14 世紀，包含了大量地理資訊，其中也包括了印度地區的位置。這幅西元 1375 年的《加泰羅尼亞地圖》大家可以參考《美術遺產，美苑英華｜<在最遙遠的地方尋找故鄉：13-16 世紀中國與義大利的跨文化交流>展訊之四<加泰羅尼亞地圖>》2018.2.26，其是當時歐洲所知世界的總體概貌。

在它的最右頁，在中國的東南面象徵性地畫了許多島嶼，南部的島嶼中標注著"印度群島海，海中有 7548 個島嶼，長著香料"。當然，這個印度群島，歐洲人又稱之為"大中國群島"。

東南亞的印尼，其中印度是希臘語 indos（意為"印度"），尼西亞

（nesia）是希臘語尼索斯（nesos 島嶼）和地/國名詞尾"亞"（ia）的組合詞。

所以，印尼的意思就是"印度群島"，這便是印尼國名的由來。

印尼距離印度河流域及印度國起碼有四-五千公裏，但其名稱卻是印度群島（印尼的希臘語意，尼西亞即為群島的意思）。

波特蘭海圖對歐洲航海者具有重要的導航作用，幫助他們探索和瞭解更多有關世界的地理資訊。

宋念申教授在《發現東亞》中說道："亞細亞"（Asia）一詞來自古希臘語，意思是東方。這個"東方"最早僅僅指希臘毗鄰的所謂小亞細亞地區，後來逐漸擴大。在歷史沿革中，"亞細亞"曾被分為"近東""中東""遠東"等次區域，我們今天所說的"東亞"，就和"遠東"有較大重疊。經過了 20 世紀後半期的去殖民化運動，"遠東"這個明顯帶有歐洲中心主義色彩的概念，在創造它的歐美知識界，被逐漸拋棄，代以似乎更為中性的"東亞"一詞。（今天"遠東"大概只在俄羅斯還作為官方概念使用。）可是較真的話，東亞（East Asia）從詞源上講，就是"東方的東方"的意思。

因此亞細亞（Asia）以東（East）≈（約等於符號）東方以東≈遠東≈東亞。

從上面情況中我們可以得出以下結論，即在西元 1375 年前中世紀前期的歐洲人認為的東方範圍沒有超過兩河流域的伊甸園區域。那麼他們在閱讀、翻譯來自東方的資料文獻之時，對地理概念產生與現代社會認知完全不相同的認知，是情有可原的一件事情。

我們只有站在當時客觀的時代背景和歷史條件下，以當事人的眼光、思路和方法來去研究事情的來龍去脈，才會離事實真相越來越近。

（三）西方古代在歷史上對印度的是怎樣認識的。

1. 希羅多德在《歷史》中對印度的描述

而中世紀歐洲人在歷史中對地理區域的認識來自西方的歷史之父希羅多德，希羅多德在其著作《歷史》中對印度進行了描述，稱讚印度的富裕和文明。他提到了印度的龐大人口、種姓制度、豐富的農業、印度王國的文化、政治和社會制度、奢侈的生活方式以及他們與其他古代文明的貿易聯繫。其在著作《歷史》中，第一次把印度河以東的廣大地區稱為印度。

歐洲古代對印度的歷史認知主要體現在中世紀時期。在這個時期，一些歐洲人通過與印度的穆斯林接觸，逐漸瞭解了印度的歷史和文化。其中一個重要的影響是印度對貿易的地理位置以及豐富的商品資源的認識。

在中世紀歐洲，印度被認為是東方文明的象徵，是世界上最富饒的地區之一。由於印度在絲綢之路上的重要地位，歐洲商人渴望通過印度貿易來獲取更多的財富。此外，印度還以其豐富的香料、寶石、絲綢等商品而聞名，因此吸引了許多歐洲商人和探險家前往。

這些接觸使得歐洲人對印度的歷史有了更多的瞭解。這些描述為歐洲人對印度的認知提供了一定的基礎。

2. 哥倫布認為美洲就是印度，並把原住民稱為印第安人，即"印度人"。

哥倫布的發現新大陸也影響了歐洲對印度的認知。當時，哥倫布最初試圖找到一條通往印度的西航線，結果無意中發現了美洲大陸。

1492 年開始，義大利航海家哥倫布 3 次西航。他到達了現在美洲的巴哈馬群島，可他自己以為到了印度，就把發現的島嶼叫西印度群島，並把那裏的土著居民叫印第安人，即印度人。

1502 年他第四次到達美洲的時候，仍然覺得這些都是印度群島中的一部分（西班牙語的印度人）。

如果中世紀歐洲人真的認為世界地理上只有歐洲非洲和東方，那就不難理解哥倫布為何從發現美洲的那一天起，一直到他於 1506 年去世，都堅定地相信自己找到了一條向西抵達印度的航路了。

儘管哥倫布最終並沒有到達印度，但他的錯誤卻加深了歐洲人對印度的認知誤解，將原本屬於美洲的土地錯誤地歸類為印度。他錯誤地認為自己到達了印度，並將當地的原住民稱為"印第安人"，即"印度人"。這表明當時歐洲人對印度的認知仍然存在一定的誤解。

（四）西方古代把包含中國在內的東亞都稱為印度。

這裏我們舉一些具體的例子來印證當時歐洲人的這種地理認知情況。

1. 馬可·波羅提到中國南海"秦海"又稱印度海

在中世紀歐洲，對印度的瞭解進一步深入。基督教"十字軍"東征時，一些歐洲人與印度穆斯林進行了接觸，從而進一步學習了關於印度的知識。其中一位重要的探險家是著名的馬可·波羅，他在 13 世紀遊歷了亞洲，並將他的見聞記錄下來。

馬可·波羅通過他的著作《馬可·波羅遊記》提到中國東部有 7448 個島嶼，並稱這些"蠻子"的島嶼上的居民稱中國南部的海域為"秦海（Sea of Cin）"，又稱"印度海（Sea of Indie）"等。可見"印度群島""大中國群島""印尼""秦海""印度海"等概念在當時的歐洲人的認知裏面基本上就是同一概念。

2. 楊曉春在《中國與印度》中提到鄂多立克的遊記指南部中國為上印度

南京大學楊曉春教授有篇文章，《"中國"和"印度"》（《學術研究》2005 年第 5 期）考證，在歷史上，存在稱印度為"中國"、稱中國為"印度"的情況。這一點，確定無疑。

14 世紀 20 年代，鄂多立克由海路東行，到達中國，其在遊記中就寫道："在我東航大洋海若幹天後，我來到吾人稱之為上印度的著名蠻子省。"蠻子省指南部中國，言下之意，中國就是他大腦詞庫裏的"印度"。

可別小看這位鄂多立克，他的遊記在文藝復興時期的影響僅次於馬可·波羅的遊記，他是 13 世紀中期到 14 世紀中期 100 年間的歐洲修士中對中國地理描述得最為詳細的一位。

3. 馬黎諾裏稱中國為"最大印度"

1338—1353 年，義大利人約翰·馬黎諾裏在教皇派遣之下率領使團到達中國，這位官方人士稱中國北方為契丹，稱中國南方為蠻子，又稱"蠻子"為"最大印度"。

教皇使團是什麼概念？在那神權大於人權、教權大於政權的歐洲，教皇可比中國皇帝牛多了，使團也比欽差大臣牛多了。使團這麼稱呼中國表明，把"印度"這頂帽子往中國頭上戴，是當時一種相當普遍的現象。

結合前面兩幅地圖來看，亞洲東方在日出之地，在地圖的上方，又比他們熟知的小亞細亞大，那麼把遠東稱為上印度，大印度就順理成章了。

4. 白興華《走進古希臘醫學》

白興華教授在《走進古希臘醫學》中寫到'很長時間內，印度是歐洲人所知道的最遙遠的東方，稱之為"Far East"，甚至印度就是東亞的代稱。儘管古希臘和古羅馬人就知道東方有個生產絲綢的"賽裏斯國"（Seres），但直到元代歐洲人才知道中國的真實存在，並且在以後的一些文獻中仍然習慣使用"India"一詞指稱包括中國在內的印度以東地區。如荷蘭人 Herman Busschof(c. 1620-1674)，是荷蘭東印度公司雇傭的牧師，在印尼的雅加達工作期間，得了痛風，她夫人介紹了一位"印度女醫生"（Indian doctress）給他用艾灸治療，這位女醫生實際上是來自中國的西南地區'。

早期的西方文獻把中國的艾絨叫做"Indian Moss"或"East Indian

Wool"。

《走進古希臘醫學》還描述了第一艘來自美國的商船"中國皇後號"的案例：

1784 年，第一艘來自美國的商船"中國皇後"號的船長，在他的遠航日記本的內頁寫道："已確定'中國皇後號'的航程是從紐約出發開往印度（India）的廣州"，從中國帶回的商品廣告中則有"印度絲綢、印度手帕"。

這些例子表明，西方古代對東亞的地理位置理解模糊，並將其納入了"印度"的範疇。

總之，西方古代對印度地區的認知是一個逐漸深入瞭解的過程。通過地理探索、歷史描述和文化交流，西方人對印度的認知逐漸增加，但在某些情況下也存在誤解和錯誤的標籤。這些認知不僅影響了歐洲與印度之間的交流，也對後世的研究者提供了一定的歷史參考。

在印度國成立（1947 年）以前，這些意識形態和思想認識都基本相同的歐美國家在習慣上還是把遠東、東亞稱為印度。

在一些文獻中提到中國時也稱之為"印度"。這種混淆可能源於地理認知上的模糊，加上當時缺乏準確而全面的地圖資訊。

如此種種，不勝枚舉。

（五）西方古代對東亞地理上的認知是東方以東≈遠東≈東亞≈印度

中世紀的歐洲（包含巴格達智慧宮的花拉子米，畢竟距離歐洲太近。）把這種歷史中的地域概念與地圖中的地域概念進行整合，就能得出印度國（1947 年）成立以前，**東方（Asia）以東≈遠東≈東亞≈印度**這個基礎認識了。

綜上所述，西方古代對東亞地理的認知存在一定的錯誤和局限性，西方古代對印度的名稱有所混淆，有些引申為整個東亞地區。歐洲人對東亞的瞭解相對較少，因此在他們的眼中，印度被視為整個東方世界的代名詞。這種誤解源自早期的地理觀念和對地理位置的模糊認識。早期的地圖製作並不準確，地理學研究也相對有限。加上西方與東亞之間的距離遙遠，交流有限，使得歐洲人對印度以及整個東亞地區的認知存在一定程度的錯誤和混淆。

綜合以上多種文獻資料顯示，歐美人稱遠東、東亞為"印度"，這是歷史事實，抹殺不了，逃避不掉，也遮掩不住的。雖然我們不能斷定現代之前的"印度"地區就是中國，但是在印度國建國之前的"印度"絕對且一定是包含中國在內的遠東、東亞地區。

因此，在當年歐洲的推廣者，熱貝爾教皇、斐波那契、翻譯伊本·拉班著作的君士坦丁堡的數學家等人的筆下，將花拉子米、伊本·拉班寫的"九個數碼"來源地翻譯為"印度"，絕對不會是僅僅指今日的印度河流域和印度國，而未必不是指今日的中國，這種可能性不是沒有，而是很大、極大，是件很自然的事情。

至此東方（Asia）以東≈遠東≈東亞≈印度地理認知在當時是非常符合歷史真相的。

而在現代意義上的東亞地區，帶有"印度"兩個字的地區名稱反而比印度河流域多出好多，比如東印度群島（馬來西亞）、印度群島（印尼）、印度支那、上印度、大印度等等。

印度—阿拉伯數字系統中的"印度"兩個字代表的不只是印度河流域及印度國，而是包含近代印度國成立以前的中國及印度次大陸在內的廣大的遠東、東亞地區。

所以在近代之前，印度本身來說就是個區域地理概念，不存在印度民族和被稱為"印度"的國家（1947 年前）。

二、　　阿拉伯的地理概念

我們再來看看印度－阿拉伯數字名稱中的另外一個地理概念：阿拉伯。

從最初的印度－阿拉伯數字系統推廣起源來說，是源於阿拉伯帝國的一個數字系統，但阿拉伯帝國僅僅存在了 600 年左右，而且疆域一直在變動之中，其中非洲的地域變動最大。

到了中世紀之後，阿拉伯帝國滅亡。而最初認為的印度－阿拉伯數字系統的推廣命名都在中世紀之後，尤其到近代，數字系統中阿拉伯這個定語應該更是為地區地理概念而不是國家概念。同樣按命名對等原則來看，其中印度也應該是指地理概念而不是國家。

而最初主流觀念中，印度－阿拉伯數字系統推廣及起源基本上都來源於亞洲的阿拉伯區域，用整個阿拉伯地理（含非洲）概念來定義印度－阿拉伯數字的推廣及起源顯然是不符合實際情況的。

瞭解到以上事實後，現在我們最起碼可以認識到印度－阿拉伯是一種十進位值制數字體系，如果一定要在這個十進位值制數字體系前面加上一個地區的定語，我們覺得其更應該稱為是"東亞數字"或者是稱為"亞洲數字"抑或是稱為"東方數字"更為符合實際情況，更為妥善恰當，更為貼切、準確。

而根據我們最新的探索和發現，所謂"亞洲數字"，"東亞數字"，"東方數字"，"上印度數字"，實際上就等於"中國數字"。

所以，王先謙在《十朝東華錄》中說："演算法之理，皆出於《易經》。即西洋演算法亦善，原系中國演算法，彼稱阿爾朱巴爾（Algebra，即代數，阿拉子米傳入歐洲的代數學）。阿爾朱巴爾者，傳自東方之謂也。"我們覺得歷史中的事實真相可能真的應該是這樣的吧？

第二章 阿拉伯對印度－阿拉伯數字系統的傳播

我們現在通用的數字系統是印度－阿拉伯數字，它的產生與傳播可以說是對人類文明影響最大的科學技術發展事件。在印度－阿拉伯數字的發明與傳播過程中，阿拉伯做出了不可磨滅的貢獻。

阿拉伯數字由阿拉伯人傳入歐洲，與阿拉伯帝國的建立有密不可分的關係。建立於西元 7 世紀的阿拉伯大帝國，很快形成了強大的勢力，迅速擴展到阿拉伯半島以外的廣大地區，征服了從印度到西班牙的大片土地，包括北部非洲和南義大利，跨越歐、亞、非三大洲。在西元 634 年到西元 750 年，一個西起比利牛斯山脈，東至中國邊境的阿拉伯帝國建立完成。阿拉伯的地域擴張刺激了經濟的發展，農業、手工業和商業都進入了繁榮時期。

阿拉伯本來就處於東西方貿易的交通要道，帝國建立後的經濟繁榮又使阿拉伯商人的足跡踏遍了亞、非、歐三洲。商業貿易頻繁交往的同時，科學文化的交流也大大加強了。阿拉伯的統治者對異族文化的寬容態度促成了中世紀阿拉伯科學的進步。期間，阿拉伯帝國的統治者宣佈，把十進位值制的計數符號作為帝國法定的計數符號，採用和改進了十進位值制數字記號和進位記法。十進位值制，是迄今人類使用的最方便、最先進的計數系統。以至於今天的人們都習慣於把它們稱作"阿拉伯數字"。

在數學發展史中，阿拉伯人在把古代東方數學文化傳播到歐洲，架起了一座數學的橋樑。

西元 8 2 8 年，阿拉伯帝國在當時的首都巴格達建立了一個綜合性學術機構，包括研究所、圖書館、翻譯館和一個學院，還有科學宮、觀象臺，吸引了大量學者。這樣巴格達就成了一個當時的學術中心，數學發展的中心轉向阿拉伯和中亞細亞。

從八世紀起，阿拉伯開始了科學史上的第一次大翻譯活動，內容涉及大量的古希臘和印度以及中國的數學、天文資料。在翻譯過程中，許多文獻被重新校訂、考證和增補，大量的古代數學遺產獲得了新生。阿拉伯文明和文化在接受外來文化的基礎上，迅速發展起來。歐洲人主要就是通過他們的譯著才瞭解古希臘和印度以及中國數學的成就。

穆罕默德·花拉子米 Al-khowarizmi 約 783~850）是阿拉伯初期最主要的數學家，他是在中世紀對歐洲數學影響最大的阿拉伯數學家，是代數和算術的整理者，被譽為"代數之父"。

他編寫了第一本用阿拉伯語在伊斯蘭世界介紹十進位值制數字和記數法的著作《算術》，這也是數學史上十分有價值的數學著作。書中系統介紹印度—阿拉伯係數碼和十進位記數法，以及相應的計算方法。

現代數學中的"演算法"即出自花拉子米的著作《算術》。"演算法"即演算法的中國大陸中文名稱，出自《周髀算經》；而英文名稱 Algorithm 來自 9 世紀的阿拉伯數學家花拉子米。"演算法"原為 "algorism"，意思是阿拉伯數字的運算法則，在 18 世紀演變為 "Algorithm"。

西元十二世紀後，十進位值制記數法和數字開始傳入歐洲，又經過幾百年的改革，這種數字成為我們今天使用的印度—阿拉伯數碼。

在地理上，阿拉伯聯繫了東方和西方；在文化上，阿拉伯在東西方之間承擔了科學文化交流的橋樑——中國的科學文化有很大一部分是通過阿拉伯傳入歐洲的（如絲綢、造紙術、火藥等等），導致歐洲近代數學的建立，做出了不可磨滅的貢獻。阿拉伯人在數學上最大貢獻是他們採用了十進位值制數學記號並把它們傳播到了歐洲，到世界各地，使阿拉伯數字被廣泛採用，讓世界各地有了統一的計數方法，便利和推動了各地區各民族的進一步交流和交往，推動了人類社會的進步和發展。

正式介紹包括 0 在內的印度—阿拉伯數字系統到歐洲的是斐波那契（LeonardoFibonacci, 1170 年～1250 年）。儘管印度—阿拉伯數字在歐洲遇到了當地流行的羅馬數字的抵抗，但最終仍然以其無可比擬的優越性、便捷性取代了羅馬數字，通行於歐洲。可以說，印度—阿拉伯數字系統這十個神奇的數字，正是阿拉伯人把它們帶到了世界，推行了印度—阿拉伯數字和十進位值制在世界範圍的使用。

我們可以說歐洲由於靠阿拉伯人把東方的造紙術、印刷術、火藥以及科學（包括數學）的傳入而有"文藝復興"以及民智的開發，阿拉伯文明傳播、"推薦"的貢獻功不可沒。

第三章 印度次大陸文字的形狀特徵

想要深入地瞭解印度次大陸婆羅米時期的數字，必須先理解印度次大陸婆羅米時期的文字及其書寫體系的特徵。

"數字"是什麼？數，本義是計算、統計和數目，"數字"即為統計計算表示數目的文字，也稱"數目字"。即"數字"在性質上來說，其首先應該是一種文字。

比如英文和漢語的"one"（一）、"two"（二）；還有泰語（母音附標文字）"一"，如圖： หนึ่ง 。就是說數首碼先就應該是一個表示數目的文字。

文字的定義是記錄語言的符號系統，是給人一種具體的語言記憶和敘事表述記錄和傳達。

我們現在談論印度－阿拉伯數字系統中數字的文字符號形狀，就不得不先瞭解一下文字的類型。

文字系統按字位的不同分為語素文字和表音文字。（九原函夏《科普｜為什麼其他國家大多用拼音文字而非方塊字》2021.08.10 來源：元任對外漢語）

語素文字是用來記錄語言的文字，和語言有嚴格的對應關係。一般說來語素文字可以分解為字位（bit，比特，電腦儲存資訊的最小單位），一個字位代表一個語素。當然也可能出現一個字位代表幾個語素和幾個字位代表一個語素的情況。目前已知的語素文字都不局限於表形和表意，而是有表音的成分，文字本身是音、意、形的結合。因此，語素文字也稱為意音文字，如中文漢字。

這種文字的特點是每一個單字表記獨立語素，不直接表記發音，而且也不是完全表意的象形文字。漢字是當今世界上唯一仍被廣泛採用的意音文字。（中華全國世界語協會網站《世界主要文字體系，你能分清嗎？》2021.11.19）

表音文字可分為音節（單個母音或者與輔音音素組合發音的最小語音單位）文字（如日本假名，一個字位表示一個音節）和拼音文字，拼音文字的一個字位表示音節的一部分，而拼音文字系統當中最小的，數量最少的區別性單位就是字母系統。

眾所周知，當今世界一共有五大書寫系統：拉丁字母系統，西裏爾字母系統，阿拉伯字母系統，婆羅米系字母系統（梵文字母系統）和漢字系統，分別對應五大主要文明：西方文明（拉丁文化圈），東正教文明（西裏爾文化圈），伊斯蘭文明（阿拉伯文化圈），印度文明（梵文文化圈）和中華文明（漢字文化圈），其中前四者屬於拼音文字，漢字屬於語素文字，而婆羅米文字屬於拼音文字中的母音附標文字。

母音附標文字是一個字位表示一個音位（最小語音單位），以輔音字母為主體、母音以附加的符號形式標出的表音文字。

該書寫系統的主要特點是：輔音字母本身即默認帶有母音，一般是/a/構成一個音節；當與其他母音字母拼合時，其他母音一般以附標的形式寫在輔音字母的上下前後的某一個或者幾個方位，替代默認母音，以改變音節的讀音。以藏文為例：字母 m 的讀音變化（參見圖 3-1）：

	k_		ka	ki	ku	ke	ko
天城体	क	/kɐ/	क	कि	कु	के	को
藏文	ཀ	/ka/	ཀ	ཀི	ཀུ	ཀེ	ཀོ
缅文	က	/ka/	ကာ	ကိ	ကု	ကေ	ကို
泰文	ก	/ko/	กา	กี	กู	เก	โก
高棉文	ក	/kɔː/	កា	គី	គូ	កេ	កោ
老挝文	ກ	/ko/	ກາ	ກີ	ກຸ	ເກ	ໂກ

圖 3-1 《藏文的讀音與結構變化》，圖片引用自：SISU 文研｜藏品博

這意味著母音附標文字每個字母表示一個輔音，而跟隨在輔音後面的母音則必須寫成變音符號。

這些知識讓我們起碼認識到婆羅米文字的兩個特點，其一，其屬於拼音文字，文字形狀是由字母組成的，包含了輔音字母和母音字母（或者單獨的輔音字母自帶默認的母音）；其二，當輔音字母與其他的母音字母組合時，其周圍會出現附標符號（母音字母不會在文字中出現，出現的是代替母音的變音符號）。

簡單地說就是，表音文字的基礎是字母，所有文字都是由字母組成的，要麼就是使用單獨的字母進行書寫表達，要麼就是由兩個以上的字母組合（母音附標文字中的字母組合是把其中的母音字母表為了附加的符號）進行文字的書寫表達。

而藍麗容院士所指出的婆羅門數字即應該屬於阿育王時期（西元前 3 世紀）至笈多王朝（西元 4 世紀）這段古代印度次大陸 800 年左右時期所出現的婆羅米數字，這是印度次大陸地區所記載的最古老的數字。婆羅米數字也有稱其為婆羅門數字、婆羅迷數字的。

那麼，婆羅米文字的輔音字母和母音字母有哪些呢？我們來看看下麵三張圖片：（參見圖 3-2，圖 3-3，圖 3-4）

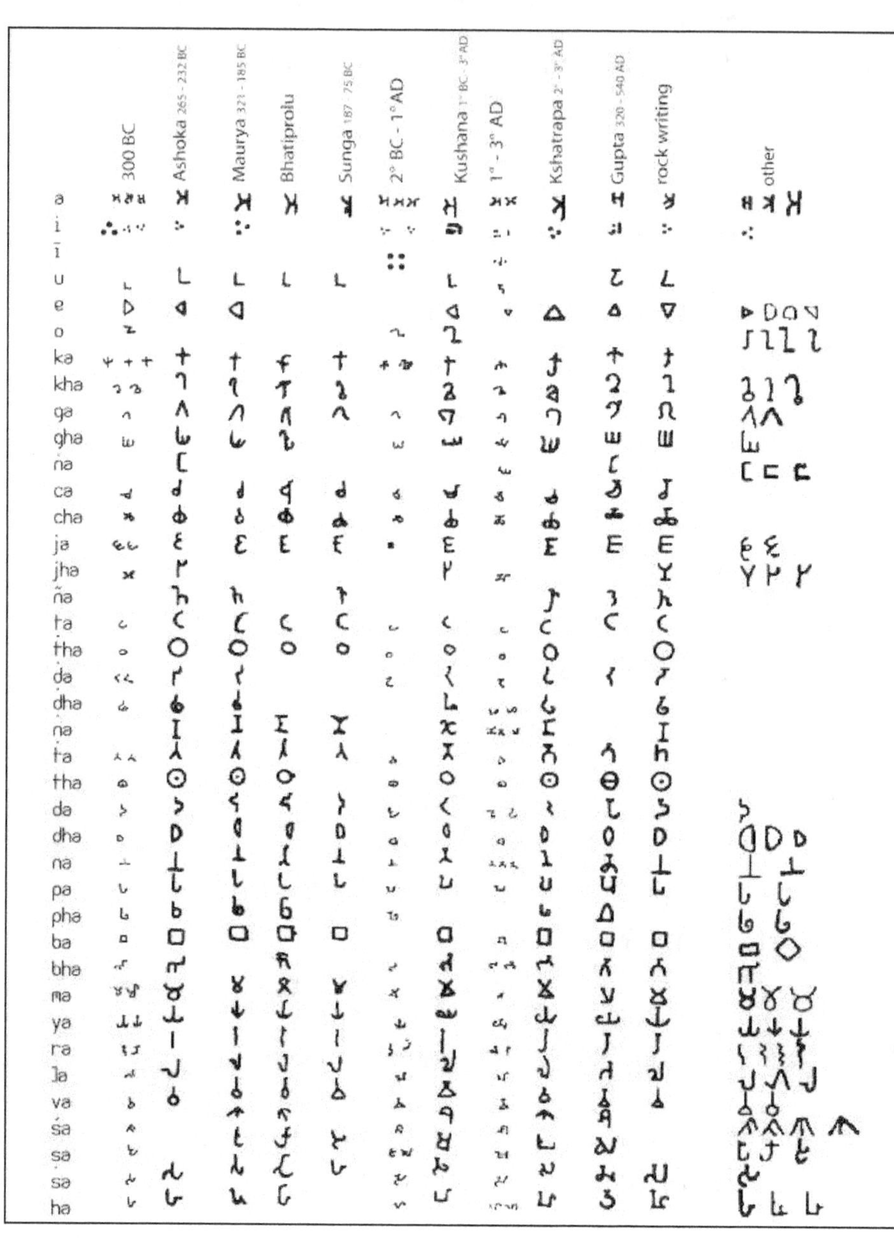

圖 3-2 《不同時期婆羅米文字母表的演變》，圖片來源：大象公會｜韓索虜《一個新疆文盲古董販子，如何騙過斯坦因、斯文赫定、季羨林》

圖 3-3 《悉曇體梵文字母》，圖片來源：
https://www.omniglot.com/writing/siddham.htm

Vowels & Vowel Diacritics (घोष / ghoṣa)

अ	आ	इ	ई	उ	ऊ	ऋ	ॠ
a	ā	i	ī	u	ū	ṛ	ṝ
[ʌ]	[aː]	[i]	[iː]	[u]	[uː]	[r]	[rː]
प	पा	पि	पी	पु	पू	पृ	पॄ
pa	pā	pi	pī	pu	pū	pṛ	pṝ
ऌ	ॡ	ए	ऐ	ओ	औ	अं	अः
ḷ	ḹ	e/ē	ai	o/ō	au	aṃ	aḥ
[l]	[lː]	[eː]	[aːi]	[o]	[aːu]	[aŋ]	[əh]
पॢ	पॣ	पे	पै	पो	पौ	पं	पः
pḷ	pḹ	pe	pai	po	pau	paṃ	paḥ

Consonants (व्यञ्जन / vyajjana)

क	ख	ग	घ	ङ	च	छ	ज
ka	kha	ga	gha	ṅa	ca	cha	ja
[kʌ]	[kʰʌ]	[gʌ]	[gʱʌ]	[ŋʌ]	[t͡ɕʌ]	[t͡ɕʰʌ]	[d͡ʑʌ]
झ	ञ	ट	ठ	ड	ढ	ण	त
jha	ña	ṭa	ṭha	ḍa	ḍha	ṇa	ta
[d͡ʑʱʌ]	[ɲʌ]	[ʈʌ]	[ʈʰʌ]	[ɖʌ]	[ɖʱʌ]	[ɳʌ]	[tʌ]
थ	द	ध	न	प	फ	ब	भ
tha	da	dha	na	pa	pha	ba	bha
[tʰʌ]	[dʌ]	[dʱʌ]	[nʌ]	[pʌ]	[pʰʌ]	[bʌ]	[bʱʌ]
म	य	र	ल	व	श	ष	स
ma	ya	ra	la	va	śa	ṣa	sa
[mʌ]	[jʌ]	[ɾʌ]	[lʌ]	[ʋʌ]	[ɕʌ]	[ʂʌ]	[sʌ]
ह	ळ						
ha	ḷa						
[ɦʌ]	[ɭʌ]						

圖 3-4 《天成體字母》，圖片來源：
https://www.omniglot.com/writing/sanskrit.htm

從婆羅米時期和接替婆羅米文字的悉曇體、天城文時期字母表中，我們無論是在輔音字母還是母音字母中都無法找出與近代、現代印度—阿拉伯數字系統中數字 0-9 的文字形狀相同的**全部字母系列**。也就是說 0-9 這十個文字形狀不是由婆羅米文字的字母構成的，即不是產生於婆羅米時期的文字字母體系內的。

符號系統必須具備以下特性，才能被稱作文字：

1，被人們用來在其日常生活中做口頭交流的約定仲介（約定屬性）；
2，被人們用來作為書寫交流方式的記錄和表達工具（書寫屬性）；
3，每一個文字本身可歸納於其相應的音節系統和語素拼合能力（系統屬性）。

這裏我們舉出一個例證看看，現代的印度次大陸地區文字中應用最廣泛的數目文字是什麼形狀結構的，就拿數字"五"來進行翻譯，（參見圖 3-5，參見圖 3-6）

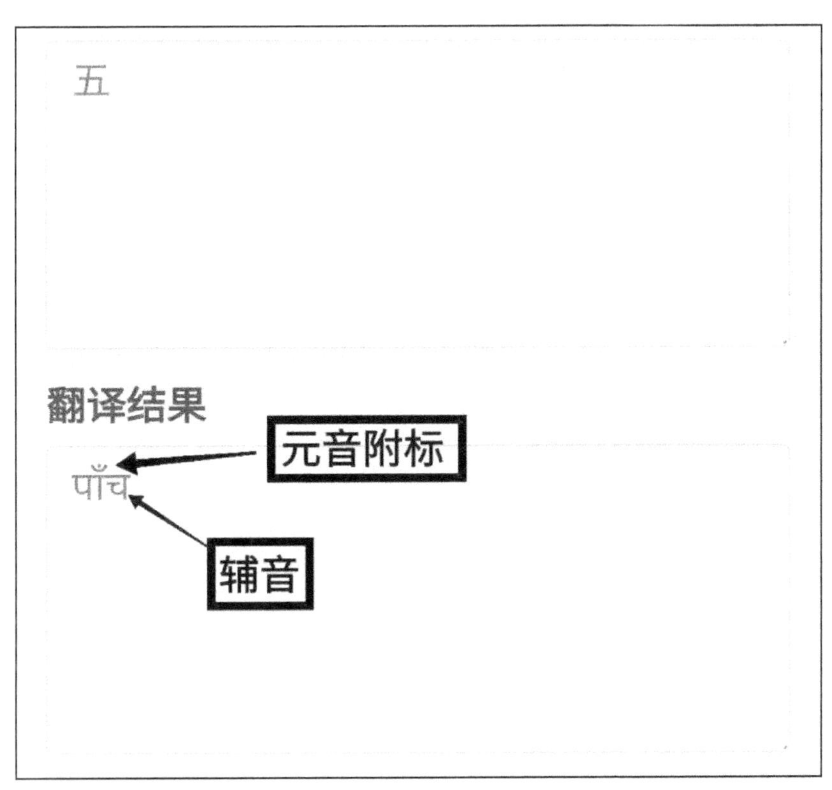

圖 3-5 《印地語的"五"》圖片來源：走啦網印地語線上翻譯"五"

翻译乌尔都语文本

乌尔都语网站/Url 翻译

在下面输入你要翻译的乌尔都语内容

五

◉ 中文 -> 乌尔都语

圖 3-6 《烏爾都語的"五"》，圖片來源：900 查詢烏爾都語線上翻譯"五"

我們可以非常明顯地看出其中輔音字母和母音附標的文字結構形式。而近、現代印度－阿拉伯數字系統中數字 0-9 的文字的輔音字母和母音附標的結構形式幾乎是沒有的。

這就相當於對任何一個中國人，甚至是全球華人來說，一個沒有偏旁部首的漢字是不可能存在的。只要是漢字，就會有組成其文字字體形狀的偏旁部首，偏旁部首是漢字的構字部件。而對於婆羅米文字來說，沒有輔音和母音附標的文字，就相當於沒有了偏旁部首的漢字，這是非常不可思議的。

再者，如果說這些印度－阿拉伯數字文字在婆羅米時期是沒有輔音和母音的，那他們的讀音又將怎樣確認呢？顯然 0-9 這十個文字的形狀結構是不符合婆羅米文字系統規範範疇的，可見其本身完全不能歸納於婆羅米母音附標文字的音節系統和語素拼合能力（系統屬性）之中。

那麼出現這種情況只有兩種可能，其一是印度－阿拉伯體系 0-9 這十個數碼，在發展過程中一直不屬於文字，而只是一種符號；其二是 0-9 這十個數碼是外來文字，其發源地不是印度次大陸地區。

人類語言本身是一種高度抽象化的高層次符號系統，在語言的基礎上產生了更高層次的文字。語言產生於文字之前，而文字的出現則意味著人類文明的誕生。

文字是語言聽覺（表音）、視覺（表形）及表達語言意義（表意）的符號，這是文字的三要素。

而符號卻是不具備這三要素的。符號，要麼是表音，比如動物的啼鳴；要麼是表形，比如特殊符號"卅"" "；要麼是具備兩種要素，比如註冊商標符號"®"或者十字架符號"✝"，含有形、意兩種要素。

文字的三層意思：書寫或記錄語言的符號；語言的書面式或書面語；詞語和文章。當語言文字作為一門學科時，語言和文字就形成了四要素，即語音、字形、辭彙、語法。而數目字也是一種辭彙，即數詞。這是一般的符號所不能比擬的。

文字是具有組合功能的，每一個文字（虛詞除外）都能與其他文字結合成辭彙片語。比如"一心二用""朝三暮四""五顏六色""七上八下""十拿九穩"等等，而符號卻不能組合。

符號不等於文字，只有音節、詞義固定，有詞序和文法，可以讀出來講明白，這樣的符號才能稱為文字。只要不表音，讀不出來，沒有連貫的思路和文義可尋，就不是文字（李零《漢字起源是個謎，原題：誰是倉頡—關於漢字起源問題的討論（上）》2016.1.17.《東方早報.上海書評》）。

而且，多變性是符號的三個基本特徵之一，追求新穎、獨到而刻意變化，是生命力的體現。在印度次大陸，小點"."符號，同樣都是在數學領域，在巴克沙利手稿中，人們把其看作是一個占位符，有數"0"的部分含義；而在三四百年之後的婆羅摩笈多卻用小點"."記在數字上表示負數的概念，這就是符號的多變性。

但對於印度－阿拉伯數碼的 0-9 這十個數碼來說，自從其出現開始，基本上幾百上千年在字義和字形上都沒有非常大的變化（曹培英，《數學課程標準核心詞解讀之符號意識》《追尋數學本質》2022.9.11），其發展演變是一直都具有延續性和邏輯性的。

符號是具有多變性和不穩定性的，而數字不是。我們自小就明白"一"是"一""二"是"二"，"一"無論在任何情況下、任何地方都是"一"而不會變為"二"。

不可否認文字屬於符號，但符號不等同於文字；符號包含文字，但文字是進化了的一種高級符號。

印度－阿拉伯數字系統是人類最簡潔、最具有邏輯性、最科學、應用範圍最廣泛的數字體系，然而卻使用著最原始的文化符號進行表達，這是不符合文化和文字的發展規律的，也是值得人們質疑的。因此，說數字是符號是對計數文字本身的一種誤解和誤讀。

世界上幾乎所有的文化區域都有屬於、符合自己的文化和文字書寫體系原生的數目文字，如阿拉伯語文字、印地語文字、漢語數字、英文數字（one/two/three 等）、羅馬數字（使用字母）等等，這種情況大家可以輕易地在互聯網翻譯軟體中進行簡單的驗證。

在拼音义字範圍中，其他地區都使用自身文字系統的字母（羅馬數字）或者字母組合（英文數字）的結構形式來對數目概念進行表達，而**唯獨人類社會傳播和應用最廣泛的印度－阿拉伯數字系統中的數目文字既不符合印度次大陸地區的文字書寫體系，又不屬於阿拉伯地區的文化傳承，所以人們將其定義為數字元號而不是文字，這是不符合常理、不科學的。這屬於一種無奈且模糊的處理方式，畢竟當時的人**

們無法確切地找到其真實的出處和來源。印度次大陸拋棄了自身的文字系統、經歷了漫長歲月、單獨創造了一套不符合自身文化系統規則和傳統的數碼符號，而且還不知道如何發音，這一點確實會令人疑惑不解匪夷所思。

印度－阿拉伯 0-9 這些數碼說是符號吧，其又具有穩定性，又能記錄語言，還能組成辭彙；說是屬於文字吧，其又不符合印度次大陸的文字規則，不能按其規則拼寫與發音。因此這些數碼已經超越了符號的範疇，是不屬於符號的，其性質更接近於文字的定義。

印度－阿拉伯 0-9 這十個數碼在文獻資料中能不斷出現，且上千年來其形狀、字義一直延續發展，卻沒有符合本地區最基本的拼音文字規則發音和書寫，脫離了本地區的文字規範範疇體系，可見印度－阿拉伯數碼必定只能屬於第二種情況，即屬於印度次大陸地區的外來文字。這種狀況就像我們現代社會一些人在交流過程中不管是在口語或者書面文字方面會夾帶一些英文單詞的辭彙一樣，好像能夠使得交流內容讓人感覺更時尚、更專業，甚至更先進。尤其在學習和借鑒發達地區的知識文化的時候，如印度次大陸在學習中國先進的算數、天文曆法的過程中（畢竟中國現存和出土的算數、天文曆法的文獻資料要比印度次大陸更早更多，且兩地自古都有往來交流。），這種情況更是如此。而曆算文獻中漢語數字的出現和被借鑒在次大陸的資料中就是極其正常的事情了。

我們再看中國漢語數字。由於漢字本身即音、意、形的結合，屬於語素文字即意音文字，所以其創造出來的每個漢語數字，從出現開始就都具有獨立的形、意、音的特性，每一個單獨數字都表記獨立的語素，這些特性與 0-9 這十個數碼的特性是一致的。中國的漢語數字系統是出現得非常早的文字，再加上中國長期大一統的格局和文化文字發展的穩定形勢，使得中國漢語數字系統能夠承擔得起被其他地區學習和借鑒的歷史使命。

第四章 印度－阿拉伯數字系統中的中國基因

一．十進位值制。

1992 年，現代國際科學史研究院院士藍麗容院士出版了她的代表作：《雪泥鴻爪朔數源》（Fleeting Footsteps, Tracing the Concept of Arithmetic and Algebra in Ancient China）。她在書中詳述中國五世紀《孫子算經》的十進位制籌算的記數法則和加、減、乘、除、分數運算、開平方運算的程式，還詳細比較九至十世紀阿拉伯著名數學家花拉子米、伊本·拉班關於印度演算法的多種著作，發現阿拉伯及歐洲國家早期關於印度演算法中的四則運算和開平方的程式，和孫子算經中的方法十分相同，從而提出印度－阿拉伯數字系統的十進位制概念，乃起源於中國算籌的學說。

例如《孫子算經•卷下》有一題《物不知其數》："今有物，不知其數。三、三數之，剩二；五、五數之，剩三；七、七數之，剩二。問物幾何？"

答："答曰：二十三。"

術（注："術"即今日所說的"演算法"，具體的解題步驟）：術曰：'三、三數之，剩二'，置一百四十；'五、五數之，剩三'，置六十三；'七、七數之，剩二'，置三十。並之，得二百三十三。以二百一十減之，即得。凡三、三數之，剩一，則置七十；五，五數之，剩一，則置二十一；七、七數之，剩一，則置十五。一百六以上，以一百五減之，即得。

斐波那契《計算之書》12 章也有一題：

設計一個數，除以 3，除以 5，也除以 7. ....

對於除以 3，所剩餘的每個單位 1，要記住 70；

對於除以 5，所剩餘的每個單位 1 ，要記住 21；

對於除以 7，所剩餘的每個單位 1，要記住 15。這樣的數如大於 105，則減去 105，其剩餘就是所設計的數。

《孫子算經》卷下還有這麼一題：今有出門望見九堤，堤有九木，木有九枝，枝有九巢，巢有九禽，禽有九雛，雛有九毛，毛有九色。問：各幾何？

答：答曰：木八十一枝，七百二十九巢，六千五百六十一禽，五萬九千四十九雛，五十三萬一千四百四十一毛，四百七十八萬二千九百六十九色，四千三百四萬六千七百二十！

"術曰：置九堤以九乘之，得木之數；又以九乘之，得枝之數；又以九乘之，得巢之數；又以九乘之，得禽之數；又以九乘之，得雛之數；又以九乘之，得毛之數；又以九乘之，得色之數。"

題目中：從九堤→堤有九木→木有九枝→枝有九巢→巢有九禽→禽有九雛→雛有九毛→毛有九色。層層遞進，越來越小，越來越細，其中各事物的關係非常契合自然規律。

而在西方《計算之書》12 章中，將這個問題更改成了：

"七個老人去羅馬。他們中每個人有 7 頭騾子，每個騾子背了 7 只袋子，每個袋子中有 7 片面包，每片面包有 7 把小刀，每把小刀有 7 副鞘。求上述和。"

如此等等像這樣相似相同相互印證的案例都是其思路的佐證。

藍麗容院士說，她之所以能夠做出這個跨文明的重要發現，乃因以往西方數學史家不通中算史的中文文獻，而中國中算史家又不容易取得西方圖書館的文獻，而她自己則中西文獻可以兼而得之之故。

2002 年，藍麗容因其在數學史領域的傑出成果，榮獲數學史最高榮譽：國際數學史學會頒發的凱尼斯·梅獎，她是第一位亞洲人和第一位女學者獲此殊榮。

藍麗容院士後來說道：“我早期算術史研究突出了兩大事實。首先，雖然稱之為印度－阿拉伯數字系統，卻無任何證據顯示這數字系統是起源於印度（印度河流域和印度國）。”

“在研究所有比印度－阿拉伯系統更早出現的，並為人所知的數字系統後，顯示出中國的算籌是唯一與印度－阿拉伯數字系統有相同概念的數字系統。”

至此證實了印度－阿拉伯數字中的十進位值制及（加減乘除）計算方法和計算符號（分號等）源自中國籌算，即擁有中國的數學基因。

在《吳文俊論數學機械化》這本書中，吳文俊對“十進位值制”有著高度的評價：“這一創造對世界文化貢獻之大，如果不能與火的發明相比，也是可以與火藥、指南針、印刷術等發明相媲美的”

二. 早期有關印度算術著作中的中國元素

藍麗容院士 1995 年 6 月 27 日在中國科學院自然科學史研究所所作的演講《數學在傳統中國的歷史：個人經驗談》中表示：關於算籌的最早的描述以及利用算籌作乘除的各步驟，都可以在《孫子算經》中找到。

與這相同且詳盡的有關印度－阿拉伯數字乘除法步驟的描述也可在以下三部書中找到；花拉子米在 9 世紀所寫的阿拉伯語算術原文的拉丁文譯本，烏格利迪西在西元 953 寫成的《論印度算術》以及伊本·拉班所著的《印度算術原理》（西元 1000 年）。烏格利迪西曾強調這是最早為人所知的乘除法。

藍麗容院士表明：“自西元 1200 起·新的印度－阿拉伯數字系統便逐漸被西歐所採納.大學裏都教授乘除法，而那些會作除法的人都被當作是數學專家。有關新算術的解說書籍在歐洲從西元 1500 年 的三十部左右大量增加到 17 世紀的超過一千本，而所提出的課題及方法都和中國論著中的很相似。”

李約瑟院士在《中國科學技術史》中，專用一節來討論中國傳統數學與其他文明的"影響與交流"。他指出"當問到有什麼數學概念似乎是從中國向南方和西方傳播過去的時候，我們卻發現有一張相當可觀的清單。"

李約瑟"清單"主要有：十進位值制與零；開平方和開立方；

"今有術"與三率法；分數；負數；畢氏定理的證明；幾何測量；弓形面積；用代數法求解幾何問題；雙假設法，即盈不足術；不定分析；不定方程；高次數字方程；二項式係數表。其中，王孝通（7 世紀）成功地解決了三次數字方程。在宋末中國代數學家已經特別善於處理高次數字方程。

在歐洲，斐波那契（13 世紀）是第一個提出王孝通那類問題的解法的人，有理由認為，他可能是受到東亞來源的影響。

三.引薦（傳播）人時代背景的中國基因。

最早介紹印度－阿拉伯數字的花拉子米是中國唐朝火尋州（昭武九姓之一）的月氏人後裔，簡單而言就是說花拉子米是中國人（與詩仙李白出生於碎葉城有點相似，只不過詩仙後來回到了中原，而花拉子米去了巴格達），印度－阿拉伯數字通過斐波那契傳入歐洲，成為現代數學的基礎。

包括其後的烏格利迪西（西元 952—953 年前後，大馬士革人，發表了一部重要的阿拉伯算術著作.除介紹了印度數碼、位值制原理和各種計算方法外，還探討了十進小數，給出了相應的符號）；伊本·拉班（裏海吉蘭省人）都來自中西方交流的大動脈絲綢之路經濟帶上。

阿拉伯世界那麼大，但盤點中世紀所有的阿拉伯數學家還如：

阿爾·卡西（al-Kāshī，約 1380~1429 烏茲別克，其發表《論圓周》在近千年後使用祖沖之相同的演算法把祖沖之的 7 位圓周率推算至 16 位）。

奧馬·海亞姆（Omar Khayyam，1048—1122 年伊朗東北部）

阿布·瓦法（940 年—998 年伊朗東北霍臘散省）

納綏爾丁·圖西（Nasir Din Tusi，1201～1274 伊朗東北）

等等，幾乎百分百的都是絲綢之路經濟帶沿線上的人，而且這些數學家的著作中隨處可見中國古代的數學成就。

可見絲綢之路對中國古數學向西方傳播是絕對有一定影響的。

長期以來，人們對古代絲綢之路的探討和研究，一直局限於東西方物品流轉及風俗習慣方面，而忽略了其買賣貿易本身的經濟文化現象和歷史傳承。

我們把中世紀世界範圍內的數學成就和印度－阿拉伯數字起源放到絲綢之路經濟帶、東西方的文化貿易大交流的歷史背景下，一些問題就迎刃而解了。後面我們再來逐步進行論述這個問題。

第五章　印度－阿拉伯數字系統數字源於中國的邏輯背景

一．印度－阿拉伯數字系統產生的背景與中國的聯繫

從以上詳實的資料文獻中我們完全可以得出以下的結論：

(1).從命名方面來說，印度－阿拉伯數字系統中的"印度"是包含中國在內的廣大亞洲地區而不是僅僅指印度次大陸地區；

. 從早期相關印度算術著作中有關中國古代數學的內容來看，九世紀花拉子米，十世紀伊本·拉班，十一世紀烏克裏迪西等阿拉伯數學家都著有關於印度算術的著作，所述的加、減、乘、除、開平方、開立方的程式，從排列方式，留空方式，數字位移方式，以至餘數、分數的表示格式，都和中國西元一世紀的九章算術、5 世紀孫子算經所述的相應算術運算相同。

中世紀的印度－阿拉伯數學家用沙盤進行計算。沙盤可以是帶沙子的地面或一塊木板，上鋪一層薄沙，劃上格子，用手指頭或一根棍將阿拉伯數字劃在格子裏面。因為有格子，所以空格就代表零，不必寫"0"，這和中國籌算以空代零的習慣一樣。

(3).從發明人花拉子米等人的地緣關係方面來看，印度－阿拉伯數字系統不是阿拉伯人發明的；但他們都與那個時代世界最著名最繁忙的中國絲綢之路經濟帶經濟文化交流有關。

(4). 從印度－阿拉伯數字數碼本身文字形狀來說，其不屬於印度次大陸早期的婆羅米文化文字系統，而屬於外來文字。

大家都知道，任何科學的發展都離不開生活。天文來自農業生產；地理來自農業與軍事，化學來自對長生不老的渴望（比如煉丹）；數學也一樣來自生產經濟與物物交換。而作為世界最古老的國家之一，中國古代恰恰是世界上經濟最發達的國家，這裏沒有之一（參見圖 5-

1），數學算術的在這裏有著巨大的強烈的需求，因此能夠發展出高水準的算術成就是理所當然的。

中国重要朝代GDP占全球比重

汉朝	26%
唐朝	58%
宋朝	80%（北宋）
	60%（南宋）
明朝	55%（万历）
清朝	33%（1820年代前）
	10%（清末）

圖 5-1 《中國重要朝代 GDP 占全球比重》，數據來源：《趣歷史｜中國曆朝 GDP 及世界排名，看中國有多強大》澎湃新聞 2019.10.30

而絲綢之路經濟帶雖說是東西方文明的交流大通道，但主要傳播的還是中國物品及文化，受中華文明的文化影響是巨大的。

這畢竟是中國和阿拉伯控制的地理區域，沒南亞次大陸什麼事，可想而知南亞次大陸在此地的影響幾乎可以忽略不計。

而作為阿拉伯的精英，怎麼可能不去臨近的繁華的絲綢之路經濟帶學習、交易中存在的高水準算術數學，反而捨近求遠跑到遙遠的經濟落後的印度次大陸進行學習呢？除非是印度次大陸在當時的經濟和數學水準都超過中國。就像今天的我們求學一樣，大家稱呼出國留學為深造，一般都會去科學、經濟發達的國家，而不會大量選擇去非洲地區國家。

二. 印度－阿拉伯數字系統自身的中國成份

根據藍麗容院士的研究顯示，就印度－阿拉伯數字整體本身所包含的內容來說，其數字基數的數量（10 個基數）、每個基數的數值、字體形狀、位權規則即位值定位方式、數字中的每個數目字依遞增等級由右至左排列方式，進位方式、運算方式、分數符號形式共 8 個方面，除字體形狀外的其他 7 個方面都來源於中國。

藍麗容院士說：在研究所有比印度－阿拉伯系統更早出現的，並為人所知的數字系統後，顯示出中國的算籌是唯一與印度－阿拉伯數字有相同概念的數字系統。

藍麗容院士還說：“我所談的是發明數字系統的概念或想法.這是不應該和九個符號的形

狀的起源混為一讀的。”“我同意現在印度－阿拉伯數字系統的九個符號是起源於印度婆羅門數字系統的頭九個數字。”

但她卻又說：“古代的中國人發明了數字和分數的符號，也就是給全世界到今時今日還在使用的兩套既有用又有力的符號。”

這表明藍麗容院士對印度－阿拉伯數字中所有的元素都認為是來源於中國，唯獨對“九個符號的形狀的起源”不能做出來源於中國的判斷。

為什麼會出現這種情況呢？我們知道，當引進一個文化系統理論的時候，我們一般都會全面引進，而不會直接去進行細節或者流程上的改動，除非是在完全接納吸收了原系統的原理和方法，找出不足和缺陷後再進行相關的改善和提升。比如笛卡爾坐標系（如圖 5-2），我們引進中國時就沒有去把 X 和 Y 軸改寫成橫軸和豎軸或者經軸緯軸，只是在解釋的時候，描述 X 軸為橫軸，Y 軸為豎軸而已，儘管橫軸豎軸在中國文化上更直觀更容易理解。

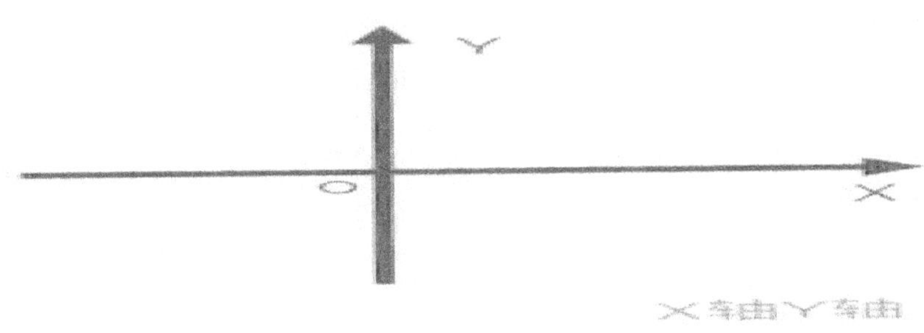

圖 5-2 笛卡爾直角坐標

我們可以看到，在印度－阿拉伯數字中數字基數的數量、每個基數的數值、字體形狀、位值權重規則、數字排列規則、逢十進一的進位規則、數字間的運算規則、小數表示形式、分數符號形式，共 8、9 個方面，幾乎所有相關的問題基本上都沒有次大陸的影子和影響，卻唯獨在數字字碼形狀上是放棄了使用中國原有的數字書寫系統而採用了次大陸的"九個符號"，這種情況的概率有多大呢？

從表面上看這種情況出現的概率是 1 除以 8 為 11%左右，但實際結合印度－阿拉伯數字名稱中的地理因素、印度－阿拉伯系統中的中國基因等問題來看，這種情況出現的概率恐怕連 5%都不到。

藍麗容院士提到的印度婆羅門數字系統的頭九個數字（即婆羅摩笈多西元 300 年到 450 年以前）與本文中所說的中文漢語各種草書行書書寫的數目文字字體形狀在與印度－阿拉伯數字近現代標準形狀上進行對比的相似程度來看，無疑是本文所說中文漢語各種草書行書書寫的數目文字字體形狀的更接近印度－阿拉伯數字近現代標準形狀。

藍麗容院士說"之所以能夠做出這個跨文明的重要發現（十進位值制），乃因以往西方數學史家不通中算史的中文文獻，而中國中算史家又不容易取得西方圖書館的文獻，而她自己則中西文獻可以兼而得之之故。"

但我們必須注意到藍麗容院士因本身的數學專業和新加坡的出生、缺乏在中國內陸實際工作和生活的經歷背景原因，這使其對中國文化瞭解是無法深入的，尤其是在對經商場景中書寫體系的運用情況考研方面更是如此，這是非常令人遺憾的事情。

因此藍麗容院士對印度－阿拉伯數字中唯獨對"九個符號的形狀的起源"不能做出來源於中國的判斷就可以理解了。

那麼，既然是中國人發明的籌算體系，然後被阿拉伯人推介運用到世界各地被稱為印度－阿拉伯體系，而在這個過程中一開始就把整個體系的完整性打破，其他方面都沒有變動，卻獨獨替換掉了其中的數字符號形狀的可能性幾乎是微乎其微、極其不可能的。

所以從邏輯上來說印度－阿拉伯數字中的數字數碼形狀起源於中國古代是理所當然的事情，而不是相反。

第六章 印度－阿拉伯數字系統數碼的字體形狀演變

寫在前面

吳文俊院士說過："所有結論應該從僥倖流傳至今的原始文獻中得出來。所有結論應按照古人當時的思路去推理，也就是只能用當時已知的知識和利用當時用到的輔助工具，而應該避開古代文獻中完全沒有的東西。"

要想考證印度－阿拉伯數字字體形狀出自中國甚至是出自絲綢之路的結論，我們還必須回到商品交換的實際場景中去。

可以想見，當一個語言不通的沒有翻譯在身邊的外國人，在一些廣州小攤鋪購買物品時候的場景。

有時我們會把價格打在計算器上，沒有計算器的時候我們會寫在便簽或者紙條上，然後遞給外國人看。如果中間還有另外一個外國人接手，那麼這個紙條被側轉、反轉、倒轉的可能性就非常大。

那麼我們把這個場景還原到古代絲綢之路上時就更複雜了。

當時中西方文字的書寫形式都是不一樣的，中國古代文字是豎立列式從上到下垂直書寫形式；而阿拉伯、西方是橫排行式水準書寫形式。所以阿拉伯人、西方人在識別辨認中國文字時會把散落單獨的竹簡、木牘、紙片、商品定價牌或者單獨的數字字條、草稿進行調整，側轉、反轉甚至倒轉。

因文化和習慣的差異性，這種可能性是百分之百的。

更甚至於在當時絲綢之路筆墨紙硯文房四寶無比金貴緊張的環境下，都有可能不存在用筆墨寫在木箋紙條等載體上的情況，而更有可能在使用算籌工具計算完交易總金額或標示價格後直接用手指在沙面或者蘸點清水在木頭桌面上劃出相對應的字碼形狀痕跡。

"時光回溯"場景：在魯迅先生的《孔乙己》中，就有提到"茴香豆"的"茴"字有四種寫法，還原了在沒有紙、筆情況下的文字書寫場景："我愈不耐煩了，努著嘴走遠。孔乙己剛用指甲蘸了酒，想在櫃上寫字，見我毫不熱心，便又歎一口氣，顯出極惋惜的樣子。"

絲綢之路經濟帶是印度－阿拉伯數字字碼形狀起源的背景，絲綢之路經濟帶上的買賣交易場景還原（回放），就是破解印度－阿拉伯數字字碼形狀起源的密碼。

那麼我們看看在最早的推介人花拉子米身上有沒有這種可能性呢？

我們前面敘述過，花拉子米在其《算術》中提到過印度，花拉子米傳的這套"阿拉伯數字"源於印度。在書裏面，花拉子米屢次親口說他看見印度人就是這麼寫數字，這麼做運算的。

這裏起碼給我們傳遞了兩個資訊：

其一，花拉子米不是直接翻譯的數學原著，他沒有學習（比如進學院、學校）和研究，甚至沒有看到過數學原著（《算術》中沒有提到過其中與中國相似的有關算術題引用於那些著作）；

其二，花拉子米去現場（印度次大陸或者絲綢之路）驗證觀摩考證過運算過程。

從第一個問題來看，其中必定有中間人給他介紹過書中的相關內容，很大的可能性就是一群長期在絲綢之路上的商人。

這些人有經商的頭腦，對算術計算非常敏感，通過經商長期與中國人接觸，對中國古代部分算術成就和計算方式熟記於心（但不會去寫書做出系統論述）。

花拉子米通過搜集整理他們記憶中的中國數學知識，再經過實地考察考證，終於完成了《算術》的編輯工作。

在這種知識傳遞的過程中，花拉子米接收到的只是整個中國數學知識資訊的零散碎片和片段，因此中間出現我們剛才討論過的識別辨認中國文字時會把散落單獨的竹簡、木牘、紙片、商品定價牌或者單獨的數字字條、草稿進行調整，側轉、反轉甚至倒轉情況就不足為奇了，這種情況下哪怕是天才也不可能百分百完全恢復原貌。

這是由於人類古代的文字載體、文化差異（書寫形式）、書籍的缺乏和科技水準（手抄）等客觀因素造成，是不能為主觀意識所磨滅的。

另外，東西方經濟文化交流之路，最重要的是絲綢之路，但絲綢之路上的小客棧或者集市是很難找出那些文化交流的直接證據的。因為作為推介、翻譯者的花拉子米是沒有看到這些證據，甚至是沒有正規系統地學習過中國古代的數學文獻的。古代科技文獻非常稀少，而且寶貴不易得到更不容易攜帶，尤其是在以商品交易為主的絲綢之路上更是如此。路途遙遠艱辛、乾旱少雨，少喝一口水都有可能失去生命，多帶一點東西都屬於累贅，帶著繁重的簡牘書冊文獻還不如多帶一點吃的喝的更有益處。

從商品交換時數字書寫載體方面來說，相當於現今便簽、草稿的單片（成書才會編成冊）的竹簡、木牘、木箋和紙片都是隨手扔掉或者當作焚燒的原料是很難保存下來的，其保存概率幾乎為零。更不用說用手指蘸水畫在木桌等載體上的痕跡，如魯迅先生筆下的孔乙己，用手指蘸水在酒桌上書寫茴香豆的"茴"字有四種寫法的場景；在沙漠中的沙面上用手指或木棍、樹枝做出的計算和書寫方式的情況等等。除非用現代攝影、錄影、照片等科技手段才能進行保存。

但是，從邏輯上來說我們還是可以以情景再現的形式推演得出這些文化經濟交流活動的狀態的。

而且，眾所周知，漢語書寫體系中甲骨文逐步演變為現代漢語文字的過程，其字形也是從繁瑣到簡單，但字體的主體結構、象形、方塊等特徵幾乎沒有變化，這是文字發展的遺傳規律。這一點與印度—阿拉伯數字數碼形狀演變的整體規律幾乎一致。

中國古代數目文字的書寫體系，在規範齊整要求下，從定型後幾千年來幾乎沒有任何改變。哪怕是比較激進的字體書寫方式，如行書、草書、狂草等等，其字體的主體結構也是萬變不離其宗的。

如果印度－阿拉伯數字系統中每個數字如前文描述中的情景一樣，字體形狀整體旋轉方向是屬於正常合理的情況下，那我們把中國古代漢語草書、行書等各種字體的數目文字看作是現代以前印度－阿拉伯數字數碼形狀的母版的話，其字體形狀的主體結構幾乎也是沒有太大變化的。

這說明印度－阿拉伯數字數碼形狀就是從中國古代的漢語草書、行書數目文字發展起來的，它們的來源無疑就是中國。

一.　　　中國數碼的書寫形狀表達
說起中國數字數碼的書寫形狀表達，我們一般會想到兩種，即中文數字的大小寫。很多人不知道，中國還有一種數字書寫體系即算籌書
（參見圖 6-1）

		0	1	2	3	4	5	6	7	8	9
小写	商周时期	○	一	二	三	四	五	六	七	八	九
大写	商周时期	零	壹	貳	叁	肆	伍	陆	柒	捌	玖
籌算	最迟春秋时期	空	丨	丨丨	丨丨丨	丨丨丨丨	丨丨丨丨丨	⊤	⊤丨	⊤丨丨	⊤丨丨丨
		空	一	二	三	三	三	⊥	⊥	⊥	⊥

圖 6-1 中國數目文字書寫形式

見上圖（注：這裏出現的"零"或"○"是指當時的漢語文字而不是數目文字數"0"），其中第三種書寫方式就是籌算，籌算含有兩種書寫記載方式，即上方的豎式書寫方式和下方的橫式書寫方式。

這些都是中國規範的書寫體系，是作為書籍、文獻、官方文書的正規書寫方式和字體，是中國文化和統治群體主要的書寫表達形式。

但，作為中華文化圈中的一名成員，大家也肯定知道，中國的書寫形式還有一種速記和百姓交流溝通中大量使用的書寫方式，那就是行草書形式，尤其是其中的草書。

草書是漢字的一種字體。廣義的草書，不論年代，凡寫得潦草的字都

算作為草書，可以說自從有了規範的漢字後，就有了草書。草書主要是為了書寫簡便、快速，而在中文的其他字體上演變出來的，主要用於草稿、速記、速寫、私人信件和簡單的交流之中。

由於草書字形太簡單，彼此容易混淆，所以不能像隸書取代篆文那樣，取代其他字體而成為主要的字體，其衍生性質的特徵也沒有受到社會精英群體的重視和研究，但其在運用範圍中的社會作用卻是不能被忽視的。

草書具有很大的靈活性，筆劃省略、結構簡單；**以點、畫作為基本符號來代替偏旁和字的某個部分，增加圓環勾連而成**。筆劃之間相互連帶呼應，筆勢連綿回繞，筆斷意連，活潑飛舞，便於快捷書寫。草書最輝煌的表現不僅僅限於一筆一字，更甚至於一筆一行（被稱為一筆書），字字相連，一筆到底（從上到下），血脈貫通的氣勢和意境。由於其筆劃省略過多，形體與楷書、行書等規範字體相差太大，故較難辨認。

草書一般是在應急（後期發展到一種書法藝術的表現形式）的情況下，或者是在起草文書稿件、記錄他人談話時，行筆快捷，畫筆連帶、省略，信手寫的不規範的潦草的文字，這種潦草的字很難用於大幅書面交流，間隔久了甚至連寫字的人本身也難以辨認識別。

我們之所以要在這裏探討中國的行書、草書書寫系統，主要有三個方面的原因：

(1) 可以讓大家意識到，中國自古以來自己本身就有一套不斷省略、簡化、方便、快捷、完善（指體系）的文字字元和數碼的速寫方式和系統；
(2) 不了解中國草書字體的變化發展基本規律，就無法理解中國草書字體形狀的特性（比如連筆、筆劃省略、弧線筆劃、掃帚筆劃等），就會誤解某些文字字元不是中國文字。
(3) 瞭解到草書結構簡單、書寫快速的特性後，才能將無比繁華、忙碌喧鬧的古代絲綢之路的商販買賣背景環境與草書對應聯繫起來。越是繁忙，就越是需要社會底層常用的草書書寫系統的快速記錄和表達作為支撐。

如果大家感興趣的話，可以多多瞭解、研究一下中國漢語文字字體方面的相關知識，在這裏我們就不再進行贅述。

那麼，我們把中國的行書、草書數字放進上面的中國數字書寫體系表格裏面（參見圖6-2），（注：這裏出現的"零"或"○"是指當時的漢語文字而不是數目文字數"0"）再與印度－阿拉伯數字系統數字字碼形狀的發展過程作對比，很多真實的資訊情況就應該會慢慢地浮出水面了。

大写	商周时期	零	壹	贰	叁	肆	伍	陆	柒	捌	玖
筹算	最迟春秋时期	空格	丨	丨丨	丨丨丨	丨丨丨丨	丨丨丨丨丨	丅	丅丨	丅丨丨	丅丨丨丨
		空格	一	二	三	亖	𝌆	⊥	⊥一	⊥二	⊥三
小写	商周时期	○	一	二	三	四	五	六	七	八	九
	汉字草书体										
	现代数字	0	1	2	3	4	5	6	7	8	9

圖 6-2 中國數目文字各種書寫形式

這裏的中國數目文字草書行書的書寫形式與印度－阿拉伯數字系統字碼形狀又有什麼關係呢？

我們不妨再看看下麵幾個問題。

我們先看下麵的幾張圖表（參見圖 6-3，圖 6-4，圖 6-5，圖 6-6）：

印度阿拉伯数字字体形状

现代印度阿拉伯数字	1	2	3	4	5	6	7	8	9
阿育王婆罗米公元前250年									
佉卢文公元前150年									
城体文公元前100年									
婆罗门石碑公元100年									
公元150年									
库夏特拉帕公元200年									
婆罗摩笈多公元300至450年									
公元510年									
西阿拉伯十世纪									
东阿拉伯十世纪									
公元950年									
维希拉努斯抄本西班牙976年									
公元1340年									
德国1385年									
意大利1400年									
法国1482年									
近代梵文数字									
近代阿拉伯									

图 6-3 印度—阿拉伯數字字體形狀的表達

上圖是我們在國內外學術機構、語言學研究和文化遺產組織等眾多可信資源中搜集整理出來的一份較為全面的印度－阿拉伯數字早期資料字體形狀圖，其包含了除巴克沙利手稿（西元 4 世紀）和 876 年的瓜廖爾石碑數字中的次大陸數碼形狀外幾乎所有不同時段的印度－阿拉伯數字系統發展過程的數碼形狀。其中西元 450 年以前就應該是印度次大陸婆羅米時期數字時間跨度。

從中我們可以看到印度－阿拉伯數字系統數碼形狀是不停地在進行演變著的，而並不是如同中文漢字數碼形狀一樣從春秋戰國時期就基本是定型了的，除數字〇以外。這為兩千多年來，漢字數碼書寫形狀方式的萬變不離其宗、同時也因為異域文化引薦推廣傳播變形後我們還能尋蹤溯源提供了堅實的文化底蘊和文字基礎。

下麵這幅圖（參見圖 6-4，）是巴克沙利手稿在中國相關文獻資料中的字體形狀具體展現。

圖 6-4 巴克沙利手稿數字，圖片來源：曹則賢，物理學咬文嚼字之九十九：西文科學文獻中的數字《物理》2018 年第 6 期

中國科學院物理所研究員曹則賢教授在中國物理學會期刊網站《物理》47 卷 2018 年第 6 期上刊登《咬文嚼字之九十九：西文科學文獻中的數字》文章中出現的巴克沙利手稿數字（西元 4 世紀）。

在巴克沙利手稿數字中我們可以發現他們數碼"1""2""3"等數碼都有著兩種不同的字體形狀表達。說明哪怕是出自同一時期文化古跡之中書稿字跡的字體形狀，在進行手書臨摹和抄寫過程中，由於用筆工具、範本、文字載體和臨摹的主體建構的差異，即便是同一個文字字體形狀，最後都會導致結果的完全不同。如此，在古代異域文化之間的傳播，也難免會出現同樣個體差異的情況。

而 876 年的印度瓜廖爾石碑上的額數系字碼形狀（參見圖 6-5），我們發現其與圖 6-3《印度－阿拉伯數字字體形狀的表達》圖片中出現

的數字形狀有很多相近相同之處；

圖 6-5 瓜廖爾石碑數字，（876 年）《數學史概論》第 2 版/李文林
著，高等教育出版社，2002 年版，第 107 頁

另外，我們對比紀志剛｜郭園園｜呂鵬《西去東來：沿絲綢之路數學
知識的傳播與交流》--江蘇人民出版社 2018 年 11 月出版的《印度西
元前 3 世紀到西元 5 世紀所使用的數字》圖片，（參見圖 6-6），發
現圖 6-3《印度－阿拉伯數字字體形狀的表達》中出現的不同時期的
數係數字字體形狀更豐富全面，因此，我們在本書中就主要依據圖 6-
3《印度－阿拉伯數字字體形狀的表達》中的印度－阿拉伯數字字體
形狀為主要參照對象，來探討印度－阿拉伯數字系統數碼字體形狀是
如何從中國漢字數字行草書等字體形狀逐步演化而來的。

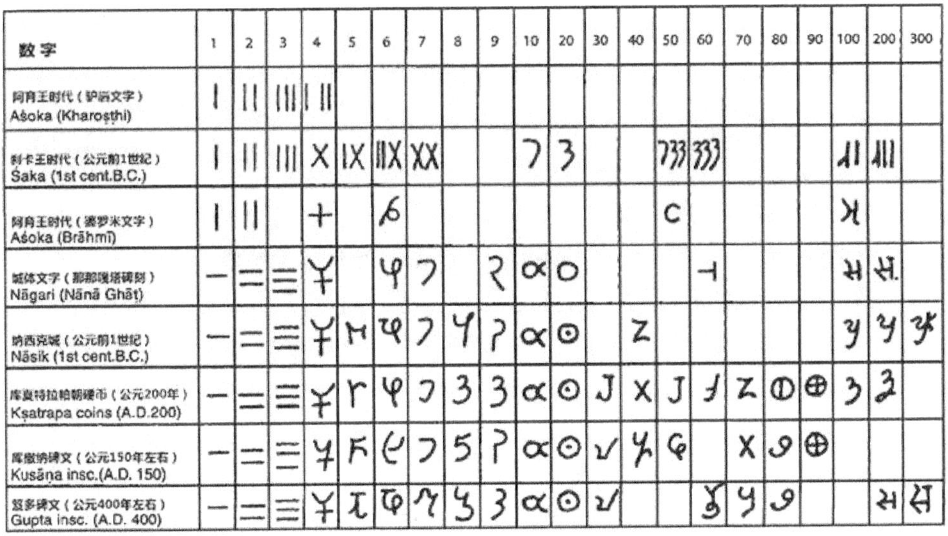

數字	1	2	3	4	5	6	7	8	9	10	20	30	40	50	60	70	80	90	100	200	300
阿育王时代（驴唇文字） Aśoka (Kharoṣṭhī)	I	II	III	IIII																	
刹卡王时代（公元前1世纪） Śaka (1st cent.B.C.)	I	II	III	X	IX	IIX	XX			꒎	3			733	333				⫲	川	
阿育王时代（婆罗米文字） Aśoka (Brāhmī)	I	II		+		6								C					Ж		
城体文字（那那[illegible]té塔磚刻） Nāgari (Nānā Ghāt)	—	=	≡	Ⴤ		Ϥ	⁊		⟨	∝	○					⊣			H	H.	
纳西克城（公元前1世纪） Nāsik (1st cent.B.C.)	—	=	≡	Ⴤ	Ⴇ	Ϥ	⁊	Ⴤ	?	∝	⊙		Z						y	y	Ɽ
库裘特拉帕朝硬币（公元200年） Kṣatrapa coins (A.D.200)	—	=	≡	Ⴤ	r	Ϥ	⁊	3	3	∝	⊙	J	X	J	ƒ	Z	⊕	⊕	3	2	
库撒纳磚文（公元150年左右） Kuṣāṇa insc.(A.D. 150)	—	=	≡	Ⴤ	Ϝ	Ϥ	⁊	5	?	∝	⊙	√	Ⴤ	6		X	9	⊕			
笈多磚文（公元400年左右） Gupta insc. (A.D. 400)	—	=	≡	Ⴤ	Ɪ	Ⴔ	⁊	Ⴤ	3	∝	⊙	√		Ȝ	y	9				H	H

圖 6-6 印度西元前 3 世紀到西元 5 世紀所使用的數字，紀志剛｜郭園
園｜呂鵬《西去東來：沿絲綢之路數學知識的傳播與交流》江蘇人民
出版社 2018 年 11 月

看到這裏，可能有觀點會認為，如果把圖 3-2《不同時期婆羅米文字母表的演變》與圖 6-3《印度－阿拉伯數字字體形狀的表達》中的印度－阿拉伯數字系統數碼形狀進行比較的話，還是能夠找出一部分的數字形狀是符合婆羅米文字發展規則的，比如字母"ra"非常像數字"1"，字母"jha"非常像數字"2"，字母"gha"非常像數字"3"，字母"ka"即"十"非常像阿育王時期的數字"4"，字母"dha"和西元前 150 年的字母"pha"非常像數字"6"，阿育王的字母"kha""da""pa"非常像數碼"7"，笈多王朝字母"ha"非常像數字"8"和數字"9"，但是這並不能代表印度－阿拉伯數字數碼形狀就是來源於婆羅米文化的。

按照印度次大陸的文字結構文化規範化傳統，什麼時期的數字就應該對應那個時期下的文字字母表，因此我們在這裏進行簡單的分析解答。為了比較方便，我們把圖 3-2《不同時期婆羅米文字母表的演變》與圖 6-3《印度－阿拉伯數字字體形狀的表達》一起標明時期展示出來進行對比如下：

印度阿拉伯数字字体形状

现代印度阿拉伯数字	1	2	3	4	5	6	7	8	9
阿育王婆罗米公元前250年									
佉卢文公元前150年									
城体文公元前100年									
婆罗门石碑公元100年									
公元150年									
库夏特拉帕公元200年									
婆罗摩笈多公元300至450年									
公元510年									
西阿拉伯十世纪									
东阿拉伯十世纪									
公元950年									
维希拉努斯抄本西班牙976年									
公元1340年									
德国1385年									
意大利1400年									
法国1482年									
近代梵文数字									
近代阿拉伯									

圖 3-2 與圖 6-3 對照

首先婆羅米時期西元前 250 年到西元 450 年的數字 "1""2""3"，與中國從殷商時期以來一直存在的漢語數目文字"一""二""三"形狀（含籌算字形）幾乎完全一模一樣，在印度次大陸數碼文字字元出現比中國晚、兩個地區存在文化交流的情況下，更在其時文字字母表沒有與"一""二""三"的字體形狀相對應字母的前提下，只能排除這些數字來源於婆羅米數字的可能。

關於數字"○"也是一樣，婆羅米時期的數字系列裏是沒有"○"這個數字出現的，也沒有出現對數字"○"做出相關定義的情況，因此也只能排除其來源於婆羅米數字的可能。

阿育王朝、孔雀王朝字母"十"與阿育王時期數字"4"從形狀上來看是比較相近的，但從現代印度－阿拉伯數碼是由阿拉伯推介引導到歐洲的過程進行逆推來看，現代數碼"4"的字體形狀顯然是受到了中世紀德國ℓ、法國ℓ，甚至是義大利ℓ數碼"4"的字體形狀影響，而與婆羅摩笈多時期之前的次大陸的字體形狀沒有直接關係。在手寫德、法這兩個國家的數碼"4"時，把向左下方行筆的筆劃，寫成垂直於地平線就行了，就是一個連筆的現代數碼"4"的字體形狀。把這種變體字改為直線相交的形式就與圖 6-3《印度－阿拉伯數字字體形狀的表達》中，義大利文字的數碼"4"，即現代印度－阿拉伯數碼的字體形狀一模一樣了。而法、德兩國的字體形狀，明顯來自早期的東阿拉伯數碼形狀。

那麼印度－阿拉伯數碼"4"為什麼不可能是由婆羅米輔音符號"十"演變而來的呢？其後期形狀演化與現代數碼"4"倒也比較相像的。

原因是，母音附標文字一旦形成是很難改變的，比如母音標附在輔音的正上方、右上方，左上方等等，其意味著讀音不變。但婆羅米期間數字"4"的字體形狀卻並不那麼唯一，更不用說在 450 年的婆羅摩笈多時期連輔音字母的形狀也已經發生了改變，"十"字的左下角變為了弧線並上挑為鈎劃；而在時間上連續的西元 510 年和東、西阿拉伯字體和近、現代印度－阿拉伯數碼與婆羅米時期的數碼"4"的形狀完全不同。

數字"6""8""9"也是如此，一是婆羅米文數碼本身的形狀變化比較大

（漢文數碼自秦漢以來幾千年沒有改變字體形狀（除了行草體的形態）），甚至還出現數碼字形混亂的情況，如西元 200 年庫夏特拉帕和西元 300—450 年婆羅摩笈多時期的數碼"8"和"9"。（參見圖 6-7）

圖 6-7 "8""9"字形對比

雖然瓜廖爾數字中的 5、6 與笈多王朝（相差近四百年）中的字母"pa"、"ta" 形狀比較相像，但是此數碼系列中的其他數碼形狀卻與笈多王朝字母表的其他字母毫無相似之處，因此其整個數系也必定是脫離當時的文字系統的。也就是說，在古印度次大陸規範的文字系統下，單獨一兩個字母與數碼字元的形狀相同，是不足以支撐整個瓜廖爾數系來源於印度文字字母這個觀點的。

二是婆羅米數碼字體尤其是後期的婆羅摩笈多時期的數碼字體與由阿拉伯傳向歐洲的近現代數碼字體形狀差異太大，而現代印度—阿拉伯數碼的字體形狀演變主要路徑線路就是中世紀的阿拉伯→維希拉斯努抄本→伊本•拉班（花拉子米）數碼字體形狀，與早已失傳的婆羅米文字字體形狀基本是沒有非常直接的關係的。

最後就是婆羅米時期的文字字母是在 19 世紀才由於拉森、詹姆斯.普林瑟普、歐仁.比爾努夫等學者以及印度學者的努力破譯成功的。即在西元 500 年左右至 1800 年左右期間，婆羅米文字是一種斷流遺失失傳斷層的文字，不可能發生延續性的演變。而東阿拉伯數字和歐洲阿拉伯數字恰恰是在這個時段出現的，因此婆羅米時期的文字和數字字母形狀是與近、現代印度—阿拉伯數碼的字體形狀毫無關聯的。

雖說在同一時期的印度次大陸字母和數字形狀，可能會出現一個甚至是兩個形狀和結構條件比較相近的情況，如阿育王時期的數碼"4"即"十"與＋，但在同期的印度次大陸的文化文字結構規範的環境下，也只能說明其最多是對外來數字系統的一個補充，更加證實印度次大陸各個時期的數字系統字體形狀屬於外來之物，不然其數字系列當時的每一個數字形狀和結構就應該符合同一時期的文化文字體系的規範化要求。

這也印證了印度數學史家 Kaye 早在 1907 年指出的“從印度文字，碑文證據，早期印度日的記數法，以及現代印度土著的風俗習慣等方面，指明現代記數可能來自外國。”的觀點。

三．印度－阿拉伯數碼的字體形狀演變

（一）．數字"0"

在 0.1.2.3.4.5.6.7.8.9 總共十個基數的數字中，"0"是最特殊的一個，因為其他 9 個數字都意味著"有"，唯獨它意味著"無"；其他 9 個數字都可以在現實中找到可以一定程度表示它的實物，如一朵花、一只兔子、一條魚等，它們內在都表示著"1"這個數量關係，卻沒有東西能夠表示"0"；同時"0"還是有和無的分界。

而"0"不總表示"沒有"，在位值制中，它起著占位作用；在計數中，起著起點的作用；"0"非正非負，"0"是正數和負數的分界點，也是解析幾何中笛卡兒坐標軸上的原點。沒有"0"也就沒有原點，也就沒有了坐標系，解析幾何學大廈就會分崩離析。

"0"是對"0"到"9"的十進位值制系統至關重要，以此為基礎，發展出代數，而代數又對 17 世紀科學家布萊茲.帕斯卡（**Blaise Pascal**）物理原理文獻不可或缺。如果沒有"0"，數論就不能完善，微積分這一偉大的數學工具也不能出現，電腦和互聯網也發明不出來，火箭飛船更沒法升上太空。

總之，"0"是一個特殊的存在。

雖然"0"在西方（包含次大陸地區）各個區域的出現比其他數字都晚，且中國古代數目文字書寫體系中還存在著使用單獨文字來表達十進位記數法的另一種形式，如：二十等於"廿"（niàn）；三十等於"卅"（sà）；四十等於"卌"（xì）；五十等於"圩"（xū）；六十等於"圓"（yuán）；七十等於"進"（jìn）；八十等於"枯"（kū）；九十等於"枠"（huà）；一百等於"二圩"（xū）；兩百等於"皕"（bì）等等這些與古羅馬累積法記數法（參見圖 6-8）使用單獨的字母和文字或者疊加來表示數目字類似的表達形式，但"0"在中國古代因十進位值制，尤其是算籌運算方式的實踐擁有豐富的實際應用經驗後的出現，其出現的時間可能並不會比其他西方地區出現的印度－阿拉伯數字（不含"0"）晚。更因為其在數學中非常重要，所以我們就把"0"的起源作為分析、討論印度－阿拉伯數字數碼形狀起源的第一步。

I	II	III	IV	V	VI	VII	VIII	IX	X
1	2	3	4	5	6	7	8	9	1

XI	XII	XX	XL	L	LX	LXX	LXXX	XC	C
11	12	20	40	50	60	70	80	90	10

D	DC	DCC	CM	M	MC	MD	MDC	MDCC	MDC
500	600	700	900	1000	1100	1500	1600	1700	18

圖 6-8　古羅馬記數體系

1.數字"0"的產生

（1）位值制與"0"的產生

"0"是一個神奇又重要的數字，"0"在我國古代被稱為"金元數字"，意即極為珍貴的數字。"0"的發現也被認為是人類最偉大的發現之一。"0"既然是一個數字，它的產生就與記數法息息相關，可以說是記數法的需要促使了"0"的產生，適當的記數法也為"0"的產生提供了條件。

記數法是記錄或標誌數目的方法，主要指數字元號的表現形態和記數工具的使用。人類最早記數靠堆積石塊和木棍或擺弄手指、腳趾，後來結繩和契刻。受各地自然環境和各種社會條件的影響，產生出不同的記數法。

在人類歷史中出現的記數法，大體上可以分為兩類：位值制（place value）和非位值制。前者指"一個數碼所表示的數的量級，由它所在的位置而定"的記數法，以現在通行的印度－阿拉伯數字系統十進位值制數字為代表。

十進位值制記數法包括"十進位"和"位值制"兩條原則，即有兩方面的含義。其一是"十進位"，"十進"即滿十進一，即每滿十數進一個單位，十個一進為十，十個十進為百，十個百進為千……。其二是"位值制"，"位值"則是同一個數在不同的位置上所表示的數值也就不同，即每個數碼所表示的數值，不僅取決於這個數碼本身，而且取決於它在記數中所處的位置。如同樣是一個數碼"3"，放在個位上表示"3"，放在十位上就表示"30"，放在百位上就表示"300"，放在千位上就表示"3000"，……。

比如三位數"333"，右邊的"3"在個位上表示 3 個一，中間的"3"在十位上就表示 3 個十，左邊的"3"在百位上則表示 3 個百。這樣，就使極為困難的整數表示和演算變得如此簡便易行，以至於人們往往忽略它對數學發展所起的關鍵作用。

非位值制則對每一個較高的單位都要創造一種新符號來表示。在非位值制的代表古羅馬記數法中，只有七個符號即"I，V，X，L，C，D，M"，其中"I，X，C，M"是四個基本符號，"1"是I，"10"是X，"100"是C，"1000"是M。而"V，L，D"是三種輔助符號，"5"是V，"50"是L，"500"是D。用加減制而非位值制進行記數。相同數字並列時就相加連寫表示；不同數字並列時，小的數放在大數的右邊就作為加數，放在大數的左邊（限於基本符號），就作為減數。

試比較一下，"586"這個數，用印度－阿拉伯數字系統來表示就為"586"，處於百位的"5"表示"500"，處於十位的"8"表示"80"，處於個位的"6"表示"6"，每個數字的含義以及數字之間的關係一目了然。而同一個"586"用羅馬記數法卻要表示為"DLXXXVI"，而"3878"則要寫作"MMMDCCCLXXVIII"。

這種記數法冗長繁瑣，混亂難辨不利於計算過程的展示、自然就不利於在計算過程中發現問題、解決問題並取得進步，與之相比位值制具有無可比擬的優越性，有人認為"位值制是人類文化史上一大發明，它可以和字母的發明相媲美。前者用很少的幾個或十幾個數碼就可以表示任何數，而後者用幾十個字母就寫出所有的文字。"

因為十進位值制的優越性，在歷史的進程中它的影響逐漸擴大並佔據優勢地位。

"0"的發現與十進位值制記數法有密切關係，位值制自身的完整性就需要有"0"這個數，否則"1""10"和"100"這樣的數便無法清晰表示。隨著位值制的產生和完善，"0"的產生成為可能。

殷商時期（約西元前16、17世紀至約西元前1045年左右），中國就已經使用十進位值制記數法了。殷商甲骨文（西元前14—前11世紀）中已有13個記數單字，出現了像"三百又四十八""二千六百五十六人"這樣的記載，最大的數是"三萬"，最小的是"一"。一、十、百、千、萬，各有專名。位值制關係到每個數字在一個數值中的位置，同樣的數字在個位、十位或百位中，都有所不同。

甲骨文中出現最早的"乂"字，表示了十進位值制的雛形。甲骨文中的記載只是用當時的文字記述了數字運算的結果，而並沒有給出在實際運算中數字的表示法，這兩者是有明顯區別的。

中國春秋時期，大約西元前 500 年，人們已經掌握了完備的十進位值制記數法，已經形成了採用完善的、包含空位（零）的十進位值制的籌算記數法。人們已諳熟九九表、整數四則運算，並使用了分數。

中國是世界上最早確立完善的十進位值記數制度的國家。位值制必須有表示"0"的辦法，例如：20 世紀初在敦煌千佛洞發現唐代的《立成算經》，裏面可以看到算籌記數的最早實物，如"6308"記作"⊥ ||| 𝍧"中間空一位，這裏的空位，就是產生"0"的萌芽。

中國春秋時期的墨子對十進位值制進行了論述。中國早在商代就已經比較普遍地應用了十進位記數法，墨子則是對位值制概念進行總結和闡述的第一個科學家。他明確指出，在不同位數上的數碼，其數值不同。

十進位值制的發明，是中國人民的一項傑出創造，在世界數學史上有重要意義，是中國對於世界文明的一個重大貢獻。正如著名的英國科學史學家、中國科學院外籍院士李約瑟先生在《中國科學技術史》數學卷中所說："商代的數字系統是比古巴比倫和古埃及同一時代的字體更為先進、更為科學的"，"在西方後來所習見的'印度數字'的背後，位值制早已在中國存在了兩千年"。"如果沒有這種十進位值制，就幾乎不可能出現我們現在這個統一化的世界了"。

十進位值制的記數法是古代世界中最先進、科學的記數法，對世界科學和文化的發展有著不可估量的作用。

從某種意義來說，十進位值制是人類歷史上第一種世界通用的數位化語言（另一種是"二進位"），也是唯一的具有基礎性、普遍性和廣泛性的數位化通用語言。

印度次大陸首次出現十進位值制是巴克沙利手稿，至少晚於中國八百年左右。

印度學者 Datta and Singh 認為：“印度不存在記述這些數字及其基本算術運算方法的早期文獻，發明人不可知。”

（2）籌算與"0"的產生

算籌是中國沿用至今的一種古老的計算工具，籌算是指運用算籌工具對數學問題進行運算、計算的過程與方法。如今在蘇州、香港等地的藥房還可以見到由算籌直接演變而來的蘇州碼子。其歷史可以追溯到春秋時期。"運籌帷幄"是對其最普遍性的描述。

算籌出現的意義，不亞於現今社會的計算器和個人電腦（可參考非洲大陸如今的計算器和個人電腦的普及和使用量），這種科學、實用的計算工具的出現、使用讓複雜的計算過程更直觀。更方便，更能促進人們對數學計算的理解、交流和探討。如果說十進位值制的出現是數"0"產生的基礎，那麼算籌的出現和使用就是數"0"產生的催化劑。

在科學性普遍性的運算工具產生之前，人們對數"0"概念的想像可能還是僅限於抽象性和模糊性。現實中，"0"的"沒有"是與"有"相對應的，這種對應只有進行比較才會產生。比如，有個蘋果、有條河，我家門口有條河，你家門口沒有河。又如，小王有個蘋果，而小張沒有蘋果等等。但在運用籌算工具時，這種抽象性和模糊性就會被具體化了。

據著名科學史專家李約瑟院士考證，中國首先使用的位值制促進了"0"出現。

只要是運用算籌進行了計算，其出現的與空位"0"相關的演示過程是任何接觸它的人都無法回避的。我們實際操作一下就可以明白了，在數值為個位數的計算過程中，1+1,1+2…1+9，其中 1+9 的運算結果就會出現個位數為空位的數值"10"，這種概率為 11.11%。

而在進行位置數的計算過程時，如：1+空位，1+1,1+2…1+9 或 2+空位，2+1…2+9，等等，其中 1+空位，2+空位的概率為 10%。也就是說在工具上，任何位值的計算結果和任何數位出現空位的情況，其出現概率為 10%以上。使用方程式的表述方式為在位值制等式相加的運算過程中，任意不同的兩個數（1-9）相加的個位數結果等於"空位"（1+9=10 其結果的個位數是空位）和任意數（1-9）與空位相加的過程（1+0（空位）=1），即等式的右邊與左邊出現空位的現象概率均為 10%以上。

我們認為計算中後面一種現象比前面一個現象對數"0"起源的影響更為重要。如果說因為在書寫記錄計算結果的時候出現的類似"0"的符號是表示"空位"的話，那麼計算前數位上出現的空位，就已經具有數"0"的數學含義了。比如 12+20=32，當個位位置在計算結果的空格裏放進數值"2"的時候，空格就不存在了，而變成了數值"2"。個位數的位置上清晰具體直觀地反映出這種從無到有的變化過程。從而演化出數"0"加任何數（A）都為任何數（A）的最基本的數字特性了，使用等式表達即為 0+a=a。

彼得.高伯特（Peter Gobets）認為：零具有數字的身份，必須要有關鍵證據才行，也就是在

方程式中看到零。高伯特是荷蘭的"零源印度"（ZerOrigIndlia），或稱"零計畫"（Project Zero）的核心成員，是致力於印度零的概念發展的基金會秘書。他們與孟賣的研究人員合作定位零的起源。

他同意杜.索托伊宣稱婆羅摩笈多的著作率先將零描述為一個獨立數字，但是零最早在何時被實際應用，卻不明朗。高伯特目前還不相信巴克沙利手稿就是零的起源（他和他的團隊希望能獨立研究這份檔），但他也說不能排除這種可能性。零究竟是從何處、又是如何從虛無的概念躍升至方程式中的圓圈狀係數，他說，這還充滿爭議。「我們最大的阻礙就是證據匱乏。」他說，何人在何時開始將"零"應用於方程式中，沒有文獻確實記載，因此只能靠各種猜測。

實際上，籌算過程就是四則運算及求解方程的 3D 動畫展示，區別僅僅只在於數字的字體形狀。從某種意義上來說，自從有算籌開始，數"0"就已經出現了，只是沒有文字資料顯示當時對初始數"0"的概念進行概括、歸納、定義而已。

可能有觀點會質疑為什麼其他進制不能產生數"0"呢？其實不是不能，而是太繁雜太慢，計算方式太繁瑣雜亂，演化發展太慢，比如：60 進位制時，出現數"零"這種幾率只有 1.7%不到；其他進位制又晦澀難懂、抽象繁雜、曇花一現、轉瞬即逝、毫無快速發展出數"0"概念的基礎。

可能還有觀點會認為，中國古代計算工具不只有算籌，為什麼不能是

其他計算工具促使數"0"的產生呢？

確實，中華文明的文化燦爛紛繁，古人的智慧無與倫比，發明了眾多的計算工具，但其中唯有算籌最直觀易懂、簡單方便、利於攜帶、普及廣泛、功能強大、生命力頑強。試看整個人類的發展歷程中還有哪一種能像算籌一樣發展沿用至今？籌算算籌幾千年延續發展的過程，給了人們不斷學習、交流、並總結提煉其中規律、概念的機會。其對人類社會在天文、地理、數學、經濟、軍事、科技、文化等方面的貢獻居功至偉，更不應讓其湮沒。

當然，其他部分數碼也有這 10%以上的出現概率，但是"0"從這種情況中開始就脫離了虛幻、抽象的表達形式，是不用再與"有"進行比較後才能具有的事物。從此時起，數"0"就起碼擁有了與其他數碼一樣能進行計算的平等地位。在此基礎上，數"0"概念的內涵和外延才能不斷地被準確定義和擴充。所以，從某種意義上來說，自從有籌算開始，數"0"就已經被發現了，數"0"的基本概念和基本性質一定會在籌算過程中體現出來，只是當時沒有進行文字表述和記錄而已。

（3）負數與"0"的產生

我國是世界上最先使用負數的國家，戰國時期的李悝（約前 455—395年）在《法經》中已出現負數的實例："衣五人終歲用千五百不足四百五十."在甘肅居延出土的漢簡中，出現了大量的"負算"，如"相除以負百二十四算""負二千二百四十五算""負四算，得七算，相除得三算". 以負與得相比較，表示缺少，虧空之意，顯然來自生活實踐的需要。

中國最早的數學著作是在江陵張家山漢墓出土的《算數書》，約成書於西元前二世紀或更早時間，早於《周髀算經》（李君卿著）和《九章算術》二個世紀左右。書中記載和論述了正負數運算以及分數的性質的問題。

世界上最早最詳細記載負數概念和運算法則的，是我國西元一世紀的《九章算術》，用《九章算術》的直除消元法（類似加減消元法），必然會出現從零減去正數的情況，要使運算進行下去，就必須引進負數。

《九章算術》的"正負術"就是緊接著這個題目之後提出的，這是世界數學史上最卓越的成就之一，其對於數字"零"進行了數字特性的表述。原文是"同名相除，異名相益，正無入負之，負無入正之。其異名相除，同名相益，正無入正之，負無入負之"。

其中"無"即為"零"；

"入"即為"變化為、轉化為"或者等於、得到的意思。

前四句是講正負數之間以及與"零"之間的減法，意思是同號相減，異號相加，以"零"減正數就會轉化為負數，以"零"減負數就會轉化為正數（與"0"相關的數學等式表述即 $0-(\pm a)=\mp a$）。

後四句是講正負數之間以及與"零"之間的加法，意思是"異號相減，同號相加，以"零"加正數就會得到正數，以"零"加負數就會得到負數（與"0"相關的數學等式表述即 $0+(\pm a)=\pm a$）"。 顯然這是完全正確的。

中國負數的使用比印度次大陸要早近 800 年，比歐洲大陸要早 1800 年左右。

1. 此處的"正無入負之，負無入正之。……正無入正之，負無入負之"就是數學算式的文字表達形式；其中的"無"就是"0"，"入"為"轉化""得到"之意，（參見圖 6-9）見中國國家圖書館中華古籍資源庫《康熙字典》，入：又《廣韻》：納也，得也。

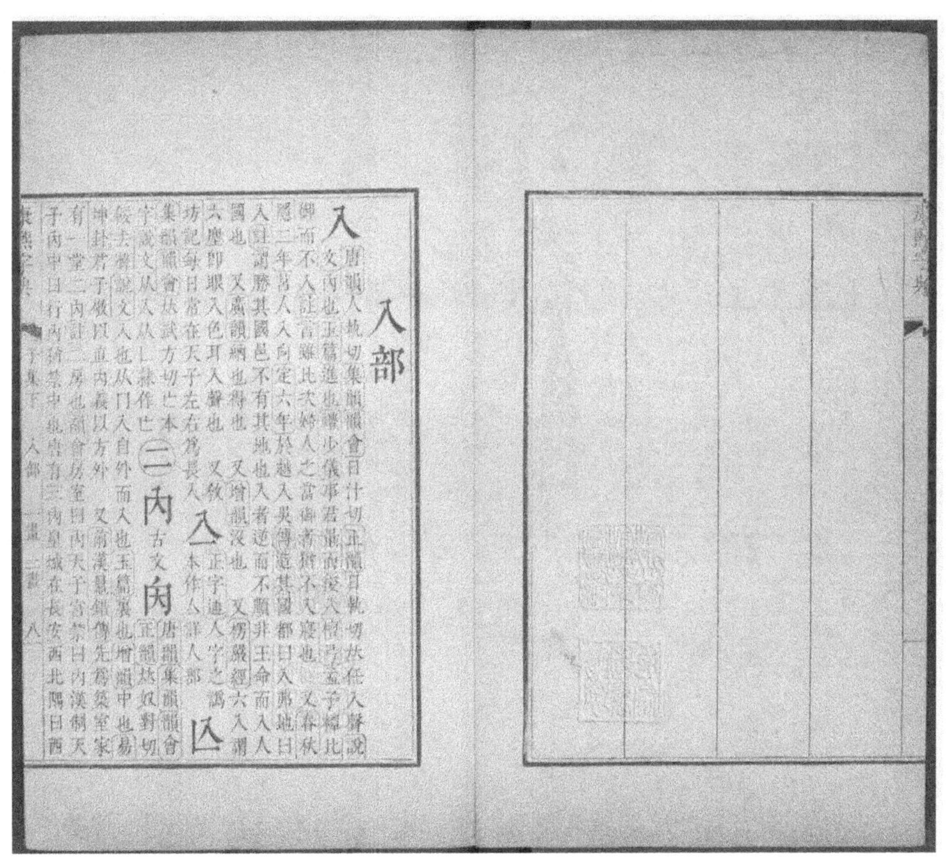

圖 6-9 "入"字的含義，圖片來源：中國國家圖書館中華古籍資源庫
《康熙字典》

這裏"入"即為"如"。古語中"如""入"是可以通用的，"入"字有"得、到、達"的含義，而"如"字也有"到、往"的意思。最明顯的例證是在現代漢語表述中"入廁"與"如廁"的意思相近。中國出土的秦漢時期的九九算表文獻中有顯示"一一如一"，"二四如八"的書寫方式。在古代算術文獻中"如"還有"若同"的意思；"得"是"得到"的意思；"而"也是"如"的含義，在算術類問題表述中"入""如""得""而"基本同義，即為"計算轉化進而得到結果"的意思（參見圖 6-10）。

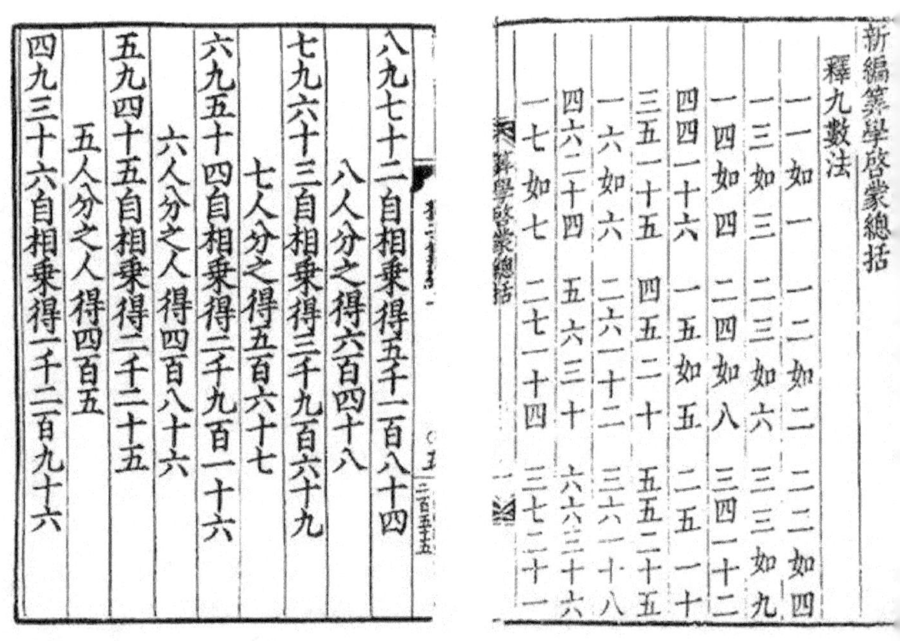

圖 6-10 中國古文中的"如"字，圖片來源：斌格謙《英國 2015 年才知道的東西，我們已經使用了上千年》2017.8.13 搜狐網

如果把"無入"視作一個名詞，其也可視作對"0"的指代，即"空位"，沒有任何正、負數值進入的位置。是算式的文字表達形式其中一個數字，在這裏，"0"是作為一個具體的數進行表述的，同時也是對"0"的概念進行的最基本的定義表達。這是人類有史以來第一次對數"0"進行的概念定義，具有劃時代的意義。

除《九章算術》定義有關正負運算方法外，東漢末年的劉洪（西元

206 年）也論及了正負數加減法則，與九章算術所說的完全一致。可見在中國的數學史上，數字"零"的概念和數字特性的出現是與正負數的使用及在四則運算中的性質分不開的，中國古代的數"0"（即"無"字）就是在《九章算術》"第八卷方程"裏面"正負術"的問題中被提出來的，因此負數的熟練運用同樣對數"0"的出現產生了不可忽視的影響。

2.數字"0"的定義

在數學意義上，"0"有很多種功能，比如它是一個概念，表示"空白、無、沒有，什麼都沒有"；

在位值制中它有"空位"的意思，是占位符；

在計數中，它起著起點的作用；

它是標度的分界點或者起點，比如溫度錶；

它本身也是一個數，可以參與運算。

我們查查字典，或者百度一下就知道"0"數學的定義有很多，如：

0 是最小的自然數。

0 不是奇數，是偶數（一個非正非負的特殊偶數）。

0 既不是質數，也不是合數。

0 在多位數中起占位作用，如 108 中的 0 表示十位上沒有，切不可寫作 18。

0 不可作為多位數的最高位。不過有些編號中需要前面用 0 補全位數。

0 既不是正數也不是負數，而是正數和負數的分界點。當某個數 X 大於 0（即 X>0）時，稱為正數；反之，當 X 小於 0 時，稱為負數。

0 是介於-1 和 1 之間的整數。

0 是最小的完全平方數。

0 的相反數是 0，即，-0=0。

0 的絕對值是其本身，即，｜0｜=0。在所有實數的絕對值中，0 的絕對值是最小的。

0 乘任何實數都等於 0，0 除以任何非零實數都等於 0；任何實數加上或減去 0 等於其本身。

0 沒有倒數和負倒數。

0 不能做分母、除法運算的除數、比的後項。

等等。

估計普通人還不可能一下全部說得清楚。在中文漢語之中，"0"還含有"虛無、開始、起點、零碎、歸零"的意思。

美國著名數學家丹齊克（1914 年 11 月 8 日—2005 年 5 月 13 日）曾經對數"0"給予了極高的評價："在沒有發明一個表示空的符號，表示無的符號，也即我們現代的零以前，任何進步都是不可能的。"—摘自：丹齊克.《數學、科學的語言》商務印書館，1977.

從其言論中我們可以看出，數"0"就是數學中的"無"。"無"即是"0"，"0"即是"無"。

實際上數"0"複雜的多種數學定義及性質，是晚近在近代數學的語用關係中演化而形成的。古代歐洲的羅馬數字中是沒有數"0"的概念和文字的。一直到十世紀左右經過熱貝爾、伊本·拉班、斐波那契等人大力地推廣和使用，"〇"才慢慢被近代歐洲所接受。而在 1637 年笛卡爾二維坐標系中使用"0"來表示兩個坐標軸垂直的交叉點，又被稱為"原點"。

當然笛卡爾發明的坐標系，也很可能是從中國圍棋棋盤的圖形得到啟發的。畢竟把圍棋棋盤中在原點上垂直相交的兩條直線和直線上的短線段保存，把其他的方格和多餘的線段刪除，就是妥妥的笛卡爾二維坐標系了。笛卡爾坐標系，實質是使用各種圖形來表達含義，即用數據來詮釋圖形，用圖形來表達數據含義，是數據與圖形統一。其形式不管怎樣變化都逃不過這種基本的原則，即真正的"按圖索驥"的形式，如曲線圖、餅狀圖等等。但是西方拼音字母文字的文化根本就沒有使用圖形表達含義的文化傳統，只有中國漢語的象形文字表意文字才有按形狀形態表達含義的傳統，這一點是無可置疑的。當然這是題外話，也僅僅只是一種猜測而已，只是太像太巧合，但並未經過嚴格的考證，期待有興趣的學者專家們進一步地研究和發現。

在前文中，我們得知，在中國數學的數字系統中，數字"〇"出現和應用始於《九章算術》中的記錄，即'負無入則負之，正無入則正之'。即"0"加正得正，"0"加負得負。其中的"無"字就是人類社會有史以來對數字"0"的第一次可以考證的記錄。這段文字就是對作為數字的"0"在參與數學運算時其數學特性的定義，即數"0"正式作為數字的數學特性。也就是說人類以書面文字的形式，正式確認了數字"0"參與了數學的計算過程。因此，中國是人類有史以來最先對數"0"的概念進行定義的國家，對數"0"的出現、發展和完善做出了重大的貢獻。

3.數字"0"字體形狀的起源發現

因為位值制對於"0"的基礎性作用，"0"最初也起源於位值制，最早出現並比較發達的地區，這些地區包括中國、次大陸、瑪雅和巴比倫。對於"0"究竟起源於什麼地方，有多種不同的觀點。

由於我們在這裏只討論印度－阿拉伯數字系統十進位值制的數字形狀來源，得益於藍麗容院士的研究結論，所以我們現在**只存在討論數"0"的起源到底是在印度次大陸地區還是中國的問題，因此在這裏我們就不以討論其他地方的問題為重點了。**

"0"作為一個空位的萌芽

歷史上，數的概念的形成大約發生在 30 萬年前，但直到距今 5000 年左右才開始出現一些不同的書寫記數法和相應的記數系統。"0"的起源和產生是一個比較長的過程，"0"首先是作為一個空位出現的，並不是作為一個數字。

最初在"西元前 6 世紀至西元前 3 世紀，蘇美爾創造並使用了一個具有劃時代意義的符號，是專門用來表示沒有數字的空位的記號。"這是數學史上的一次重要的發明，這個符號的出現使得精確記數成為可能，有效改善了無法確定空位的混亂現象。但是，這個符號從來沒有在數字的末尾使用過，表明它僅僅代表一個空位，並沒有出現"0"這個數的萌芽。儘管如此，古巴比倫人仍舊對於數學的早期萌芽做出了最早的貢獻，也為代數今後發展的位值制道路起了基礎性作用和推動作用，可謂是數學科學領域的"星星之火"。

表示空位的符號的出現，是"0"產生和發展的第一個階段。

（1）印度次大陸對"0"的發現

現在西方學界多數觀點是認為"0"起源於印度次大陸。

其理由如下：

①.西元前 2500 年左右（其具體年代不可考），古印度婆羅門教最古老的文獻《吠陀》已有"0"這個符號的應用，當時的"0"在印度婆羅門教表示無（空）的位置。（無考古發現和原始資料記載體現此觀點，《吠陀》口傳四千多年，最早於十七世紀才有書籍寫成書）

②.西元前 300 年左右，印度出現了婆羅門數字。（此時的婆羅門數字並不完整，只有幾個數碼出現，其中並不含"0"，參見圖 6-3，圖 6-6。）

③.1881 年發現於今次大陸巴基斯坦馬爾丹附近的巴克沙利的手稿（範圍介於第 3 世紀到 10 世紀之間。）中有完整的十進位數碼，並用"."來表示空位。"形成於西元 4—5 世紀。用一圓點"."表示空位"零"（"0"）始見於這份稿本。"—摘自黃心川主編.《南亞大辭典》：四川人民出版社，1998 年 2 月：第 47 頁。（參見圖 6-11）

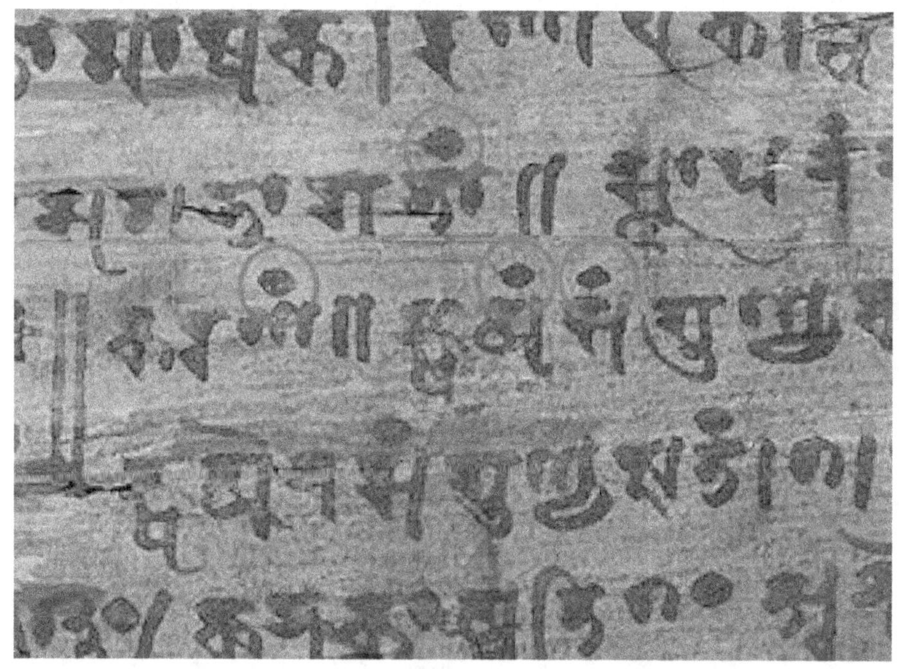

圖 6-11 巴克沙利手稿中的"."；圖片來源：《數學歷史大突破：英國

學者研究指西元 3 世紀印度巴赫沙利手稿最早應用數字 O》神秘的地球網 2017 年 9 月 16 日

④.還有觀點認為"0"的起源深受印度佛教大乘空宗的影響。大乘空宗流行於西元 3 至六世紀的古代印度。正是在它流行後期，在印度產生了新的整數的十進位值制記數法，規定出十個數字的符號。

以前計算到十數時空位加一點，用"."表示，這時發明了"0"來代替。"0"的梵文名稱為 Sunya，漢語音譯為"舜若"，意譯為"空"。

但，西元 8 世紀的印度人還在用黑點作為"0"的符號，至於何時由點轉為圓，具體時間已無從考證。（西元 718 年出書的《開元占經》104 卷演算法，1089 頁，譯自印度次大陸的《九執曆》；那個時候印度次大陸人的零依然是黑點。）

⑤.西元 458 年，在印度耆那教寺廟教科書中，第一次出現"0"的數字符號。在這部書中，以一個"void"（意"空或無"，參見圖 6-12）來代表"0"。

圖 6-12 印地語"void"字含義，圖片來源：走啦網印地語線上翻譯
"void"

⑥.西元 6 世紀次大陸印度人完成的數學著作《蘇利耶曆數書》中，用實心的小圓點"."表示空位。成書於西元 505 年（一說 540 年）。

—摘自黃心川主編．《南亞大辭典》：四川人民出版社，1998 年 2 月：第 421 頁。現代印度學者認為，它是有許多人不斷修改增訂而成的（大約 6-12 世紀）。

⑦.西元 550 年次大陸印度天文學家瓦拉哈米希拉論述了 0 的加減運算。

⑧.印度次大陸古印度學者婆羅摩笈多（Brahmagupta，約西元 598 年—660 年）。在西元 628 年寫成《婆羅摩修正體系》一書，曾經給出"0"的定義，並規定了"0"參與計算的幾條規則：""0"是沒有；"0"加"0"還是"0"；任何數加減"0"，該數不變；"0"乘以任何數，積為"0"；"0"除以任何數，商為"0"（但其沒有標示出'0'的對應符號）。"

但是仍然沒有把"零"當作與其他數字一樣看待——摘自中國科普博覽網站數學博物館。

其"0"的意思是"saya 薩雅""空白""沒有"。

⑨.現存於次大陸印度中央邦西北地區的瓜廖爾（Gwalior）城的一塊西元 876 年的石碑上

明確地記有比其他文字小得多圓圈符號'。'表示數零，這是"0"這個符號在印度出現的第一次明確的書寫形式。但其形狀也只是接近於圓圈'〇'。

詳情見於 Bill Casselman 教授提供的瓜廖爾石碑圖片。

對於最初的"0"的概念，印度人是用"空"來描述的，在書寫中則用"."或空格來代替。

後來，小圓點演化成為小圓圈"。"，但確切的時間無法考證。

（2）中國數字"0"的產生和發展過程

中國很早便有"0"這個概念，許多文獻中均有記載。中國使用歷史中佔據重要地位的算籌（不晚於西元前五世紀）進行計算。在算籌上，以空格表示空位"0"。自從西元前 4 世紀，中國數學家就已經瞭解負數和零的概念了。籌算所依據的是十進位值制記數法，用九個特殊籌碼和空位表示所有的數。

中國古代使用文字符號表示"0"的相關記錄我們按其發展脈絡摘錄如下：

①.帛書《五星占》中的"o"是表示星星在星座中所處的位置。西元前 220 年左右《艮山》圖中的小圓圈也為數字的占位符。（參見圖 6-14）

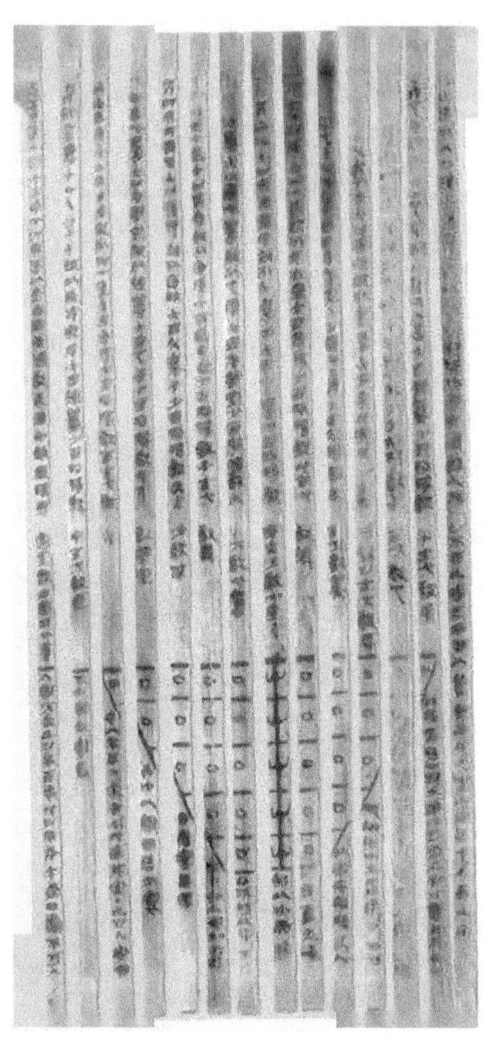

圖 6-14 《艮山圖》中的圓圈，圖片來源：責任編輯：曹英瀚《【輕閱讀】古籍裝幀》-齊魯晚報網大眾報業·齊魯壹點 2020-08-09 09:26 《睡虎地秦簡<艮山>圖》

西安交通大學出土的西元前 23 年西漢墓天文壁畫出現的"○"符號，表示星宿的位置（即占位符號）。（參見圖 6-15）

圖 6-15　西漢墓天文壁畫星圖，圖片來源：劉四旦《李亮：墓室裏的中國古代星圖》《西安交通大學內出土前 23 年西漢墓天文壁畫星圖》搜狐網科學出版社 2021.3.21

②.西元一世紀張蒼、耿壽昌的《九章算術》說："正負術曰：同名相除，異名相益，正無入負之，負無入正之。其異名相除，同名相益，正無入正之，負無入負之。"（這段話的大意是"減法：遇到同符號數字應相減其數值，遇到異符號數字應相加其數值，零減正數的差是負數，零減負數的差是正數。"）以上文字裏的"無"通常被數學歷史家認為是零的概念。

雖然如此，但是當時並沒有使用符號來表示零，而是使用文字'無'來表示"0"；

《九章算術》中使用"無"字對數字"零"進行了概念定義，認為"零"是"沒有"，也是"最開始的數字"（即開始的自然數）。

③.祖沖之在《大明曆》（463 年）中用'初'來表示"0"；

④.劉悼在《皇極曆》中（604 年）用'初'、'端'或'本'來表示"0"；

⑤.在 690 年時，武則天頒佈了則天文字，其中一個字就是"〇"，讀'星'；

⑥.唐代僧人一行（724 年）用'空'，來表示"0"。

⑦.747 年隋唐宮廷樂譜《燕樂半字譜》用"o"表示樂譜中的空位，相當於今天簡譜中的休止符。其在功能上已經很接近位值計算時的空位。——摘自賀金波、劉曉《數碼字"0"的起源》《集團經濟研究》2007（000）01X

⑧.西元 986 年大徐版《說文解字注》使用"口"表示"o"（讀音：星）

⑨.宋代蔡元定《律呂新書》（樂學音律）（1135 年一 1198 年）中用方格"□"表示"0"，將林鐘律管的律數 118098 記作"林鐘十一萬八千□□九十八"，將南呂律管的律數 104976 記作"南呂十□萬四千九百七十六"等。

⑩.1180 年金朝《重修大明曆》中有"四百〇三"，"三百〇九"等數字。使用符號"〇"來表示"0"；

⑾.西元 1247 年秦九韶所著的《數書九章》在籌算圖示中，已經開始用一個正圓形作為"〇"來表示"0"數的概念，（參見圖 6-16）

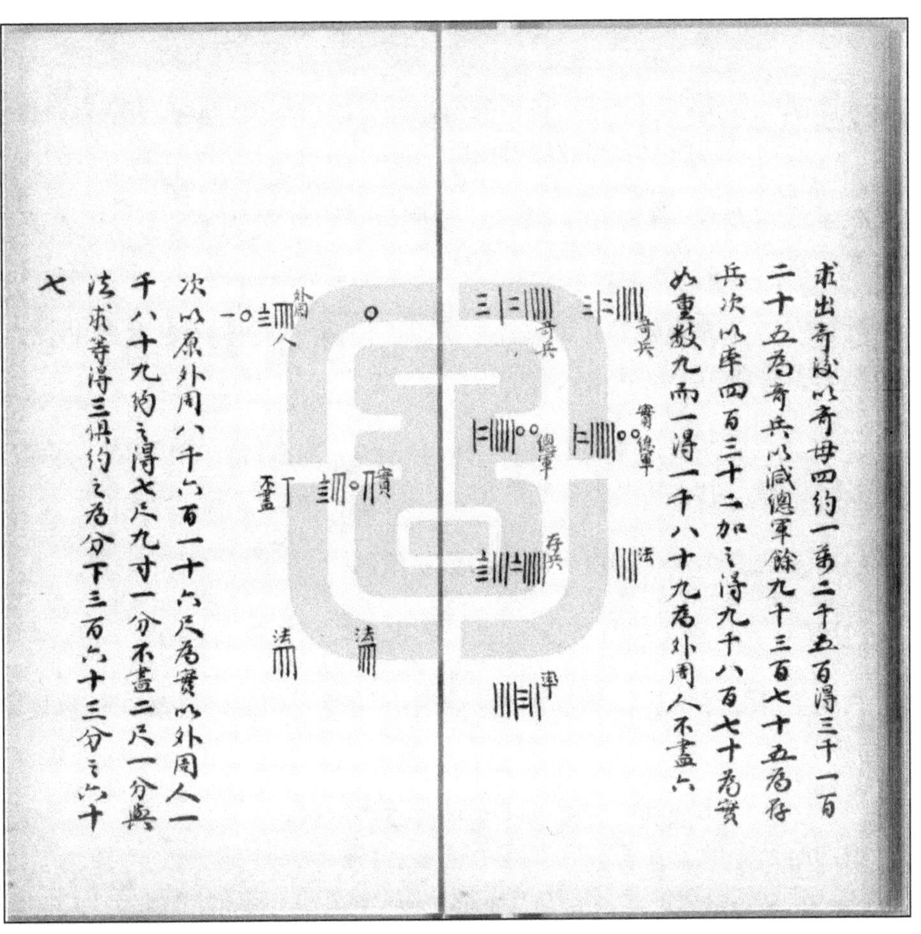

圖 6-16 秦九韶《算書九章》，圖片來源：中國國家圖書館中華古籍資源庫

《數書九章》成為中國人最早在算書中使用的"0"，比歐洲要早 300 年。

⑫李冶《測圓海鏡》（1248 年）第十四問中就有"0"的圖像。

在魏晉時期，"0"在算籌運算中以一個空格代替，西元 4 世紀左右，孫子算經中出現用空格表示"0"。

4.數字"0"的形狀演化

要證明一件事物的延續，是需要找出其發展過程中的脈絡痕跡與聯繫的，即所謂的邏輯思路及線條。

為了清晰方便地區分"0"的概念，我們暫時把"0"分別書寫為以下 4 種類型：

①"零"，本義為飄零、零碎、零落。現代為：無、沒有，在現代中文數系書寫體系中，其為大寫的數"0"；

②"〇"，圓圈〇，本義為圓，現代為：無、沒有，在現代中文漢語數系書寫體系中，其為小寫的數"0"；

③小號圓圈"。"，印度－阿拉伯數字數碼；

④數"0"，即西方世界接受"0"之後的現代數學意義上的"0"。

我們覺得要想瞭解數字"0"的形狀演化，還是必須從比較數"0"的發展過程談起.

（1）　中國數"〇"概念的文字替換發展線路

中國西元一世紀張蒼、耿壽昌的《九章算術》中使用"無"字對數字"零"進行了概念定義，認為"零"是"沒有"，也是"最開始的數字"（即開始的自然數）。其後祖沖之在《大明曆》（463 年）中用"初"字、劉悼在《皇極曆》中（604 年）用"初""端"或"本"等字來表示"零"，都是對數字"0"即是"沒有""開始的"數字概念的延續性表述。

總結前文中國古代的史實記錄我們會發現有關於數字"0"定義和字元形狀的用文字表述出來其發展線條就是下麵這樣的：

"〇""無"➔"空格"➔"初"➔"端"➔"本"➔"〇"➔"空"➔"〇"➔"口"➔"〇"

從上述線路圖中，我們至少能分析出兩個方面的發展路線：

第一個方面中國數"0"概念的文字替換路線，即**"無"➔"初"➔"端"➔"本"➔"空"**。

首先需要明確的是，數字是文字大類中的一種，其本身不是簡單的符號，是可以標記、表達、記錄人類語言的書寫符號體系，是數目文字。因此，數字本身的屬性首先應該是文字。中文的漢字"三"或者"六"誰能說其不是一個數字呢？

各國對'0'的讀音發音還有文字表達都是不一樣的，比如英國關於"零"的單詞："zero""nought""nil""odd""fractional""part"等等都有數"0"或者是"零碎"的含義，而且"0"在同一個國家中的不同歷史發展階段中其文字和讀音也不盡相同，如印度次大陸的"Sunya""void""."."saya"等等。

從前文的論述中我們可以瞭解到在中國文獻中不同階段對於數"0"的不同文字表達，我們現在可以稍微地解讀其每個文字的表達含義，看看其中有無一定的關聯規律。

"無"：沒有，與"有"相對；不；通"毋"，不要；虛無；（無）的異體字；亡也，從亡無聲；無，奇字無，通於元者（《說文解字》）；無，通於元者，元俗刻作無，今依宋本正（《說文解字注》）。

"初"：始也，從刀從衣，裁衣之始也《（說文解字）》。

"端"：本義一般認為是指事物的起始、開端。

"本"：本義之樹根，又比喻根本的、重要的事物，跟"末"相對。又引申為主體、原來、本來、原始等意義。

"空"：戰國文字，本義是孔穴，引申指沒什麼內容，表示空洞無物。又作佛教用語，指客觀存在的事物均是幻想，並不真實存在。

以上我們可以看到，在中國古代表達數"0"的五個文字中，中間時段的三個文字都有"始"的含義，意即數"○"是所有數字的開始，是最小的數字。這一點與現代自然數中對數字"0"的定義是極其吻合的。

關於"無"字

我們再來看看最初表達數"0"的文字"無"中的含義。

當今的主流學界普遍地都認為《九章算術》中以"無"來表達"0"的概念定義是"沒有"的意思，是"空格"的文字表達形式。這簡直是太小看我們祖先的智慧了。"無"其真實的含義應該為中國古代的第一大學派，即道家學派的哲學思想。

《老子》曰："天下萬物生於有，有生於無"，意思是"無生有，有生萬物"。這裏的"無"

相當於《道德經》中與數字有關的論句"道生一，一生二，二生三，三生萬物"中的"道"。我們把後面這兩個語句從第一個"生"字分拆開來，然後省略繁瑣，就可以看到第一句是"有生萬物"，後面一句是"一，二，三生萬物"。其中動態的"一，二，三"即為"有"，而"有"又來源於"無"，因此，"無"即可在這裏替換掉"道"，即為"'無'生'一，二，三，進而生萬物'"。這是非常簡單的邏輯表現形式和方法。

此處道家學派中的"無"，我們可以想像一個簡單的景象。古人在觀察一棵果樹時，樹上什麼都沒有。但是經過了春天、夏天、秋天後，上面卻長滿了果子。第二年，此果樹經歷了冬春夏秋四季後，又從無到有長滿了果子，長期觀察後，古人就得出果子的"有"是從果樹的"無"來的，從"無"到"有"，從而"一、二、三至萬物"。而結果之樹，經過了春華秋實，吸取了日月精華，順應了大自然的生長規律，這個過程即為"道"。這就是中國古代道家樸素的哲學思想觀念。而中國古代數學中的"無"，毫無疑問地體現了這個觀念，它是一種動態的"無"，是一個孕育著"有"的"無"。這裏的"無"不僅僅是"空位""沒有"的固定形式，而是一種動態形式的表達，是動態事物的開始、初始、起始、開端、原始、原點、根本等形態的表示。這就是中國"0"的起源，無非是當時被讀音為"無"的文字所表達。

而其後世俗化的改為其他漢字代替也很好地一脈相承地繼承了這種動態理念，而不是次大陸人乘佛教中的絕對"無"，如："本來無一物，何處惹塵埃"的"絕對零"。

因此，中國道家學派中的"無"就是除了"沒有"的含義以外，還有開始，開端，原始，原點之意。在數軸形式的表達中，我們能明確清晰地看到這種從"0"到"1"直至無窮的排列形式（參見圖 6-17）。即《九章算術》中的"無"，此時已經具有了"沒有"、最開始的自然數和數"0"

的加減法運算規則等現代數字"0"的基本性質，那麼從此時起，中國就有了對現代數"0"概念準確表達的明確記錄。

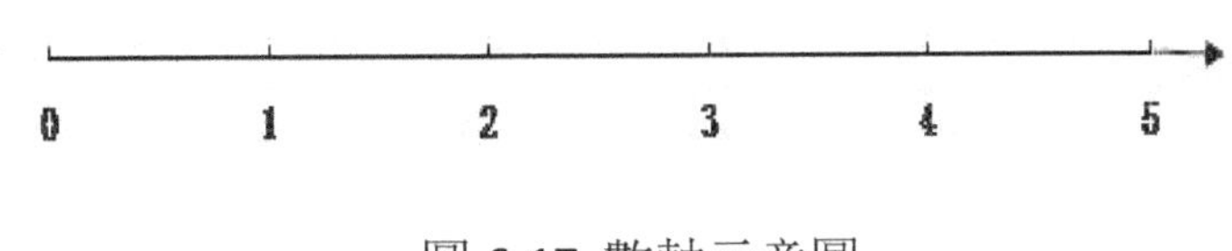

圖 6-17 數軸示意圖

但由於"罷黜百家，獨尊儒術"和從道家學派中演化出來的中國第一大教派道教在漢朝後期存在著反對統治階層的農民起義（黃巾起義等等）等政治事件的發生，影響了王朝的政治統治，所以後期致使統治階層對其邊緣化，其思想表達自然會被排擠和打壓。中國古代在後期的數學典籍中使用其他辭彙來代替"無"字是完全可以理解的。

對於數字體系而言，"無"這個字顯然表達的範圍是有些大了點，又因為"無"字代表的數"0"在算數體系中的含義確實比一般的數字更為複雜（如占位符、空位、絕對零、最開始的自然數等等），為更精准地表達"0"的初始、開始數字的概念，人們尋找和創新著字元來對原有的文字進行替代，由於"初""端""本""空"等文字都含有"始""開始""原始"的含義，於是便使用這些文字替代了"無"字。

中國自古就有破音字的文化現象，相同的字不同義不同音，如"打"字，有"打架"和"一打啤酒"的片語，後面的"打"為量詞"十二"的意思。又如"差"字，有"差數"和"出差旅行"的片語，前一"差"為數學中減法的得數，後面的"差"字為被派遣的意思。

"無"，前文提到《說文解字》中說，"無"實際上通"元"，那"元"又有什麼含義呢。《說文解字注》：（元）始也。也就是說"無"字之中含有"開始"的含義。

到這裏我們就可以明白了，原來中國**古代學者們對數"0"使用"無""初""端""本"都是表達的同一個意思，即除了"沒有"的含義以外，它還是數字的開始，是自然之中存在的最開始的數目文字。**

這些文字的表達意義基本上都是連續的、清晰的、並一脈相承的，是貫穿在中國整個數學發展史之中的。這些帶有"始"的含義的文字和其

""0"加正得正，"0"加負得負"在方程計算中的數字特性無疑就是現代數"0"概念的前身。

（2）中國數"0"形狀發展線路

第二個方面就是中國數"0"的形狀演變路線，如下圖：

"〇"→"空格"→"〇"→"〇"→"口"→"〇"，為了便於向大家講解，我們做出相關備註後如下：

"〇"（星辰及日期的占位符）→"空格"（籌算占位符）→"〇"（星字定型）→"〇"（樂譜休止符占位符）→"口"（"〇"（讀音：星）字的形狀變異）→"〇"（還原為"o"（讀音：星）字形狀，後期變音為"零"）

在數"0"的形狀演變路線中，可能大家會有疑慮，一般情況下前面三個字元（含空白字元）通過查詢相關資料就很容易得出相同的結論，可後面兩個字元卻不太好理解，在這裏我再給大家介紹兩個文字，即"星"字和"零"字。

關於"星"字

首先，我們來看看"星"字。

古文的星怎麼寫，我們把它複製到這裏，

《說文解字注》解釋：

星（曐）萬物之精。上為列星。管子雲：凡物之精，此則為生。下生五穀，上為列星。流於天地之閑謂之鬼神，藏於胷中謂之聖人。星之言散也，引伸為碎散之偁。

從晶。從生聲。桑經切。十一部。

一曰象形。從o。從三o故曰象形也。大徐o作口，誤。

古o複注中，故與日同。

古文從三o，而或複丨其中，則與晶相似矣。依此說則當入生部，解雲從生，象形。

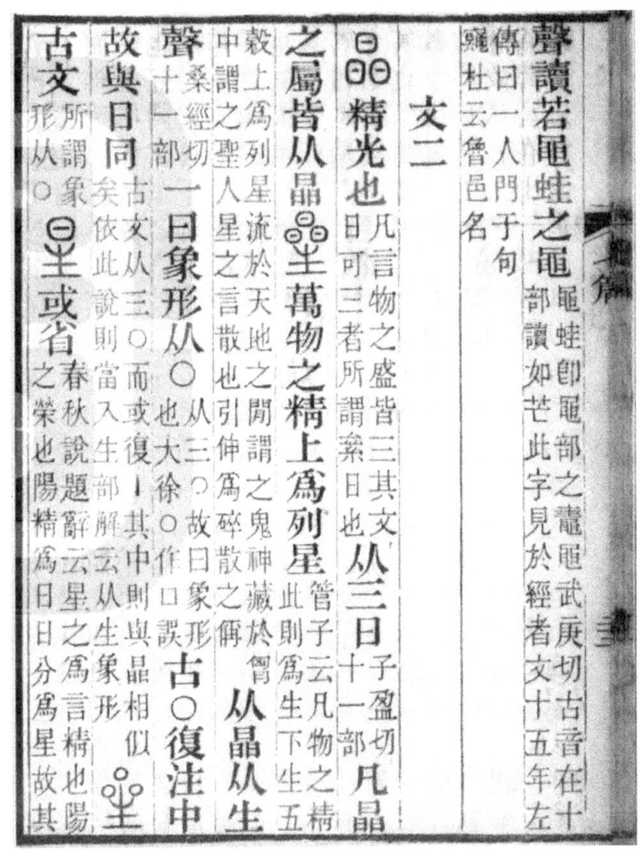

图 6-18 古文"星"字

而 986 年，徐鉉在《說文解字》中解釋"一曰象形。從口，古口複注中，故與日同"。

段玉裁《說文解字注》中對"星"字的解釋是指夜晚天空中有光亮的小星體，後引伸指微小的東西，"細微、細小"，即"星之言散也。引申為碎散之稱。"。

如：“星星之火”“星火燎原”“唾沫星”、元代的成語“一星半點”等。

1807 年，段玉裁接下來繼續解釋道：“一曰象形。從○（但未注讀音），從三○故曰象形也。大徐○作口，誤。古○複注中，故與日同”“古文，所謂象形從○”。

我們可以看到，這個古“星”字的上方是三個小圓圈，這與段玉裁所作的解釋完全一樣。而徐鉉的解釋就真的與段玉裁說的一樣是錯了嗎？

我們再拿一張“日”字字體形狀演變流程圖，（參見圖 6-19）

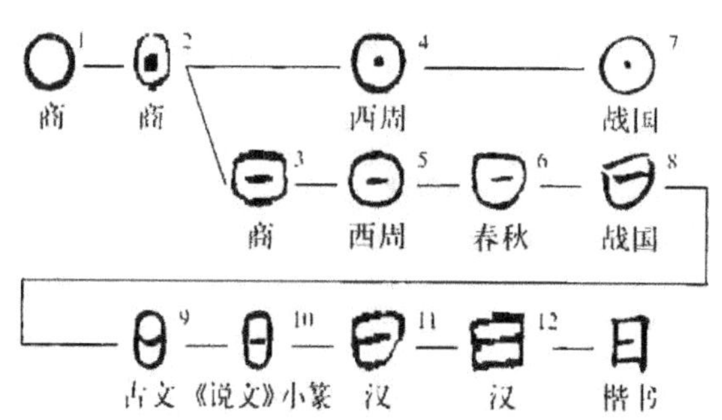

圖 6-19 “日”字演變流程圖，圖片來源：1、4、5《金文編》455 頁作者：容庚編著，張振林，馬國權　摹補中華書局 1985 年 07 月 01 日

流程圖：李學勤主編；趙平安副主編．《字源》天津古籍出版社，遼寧人民出版社．2013.07．599

大家看看就知道了，商代的一個金文的“日”字就是一個圓圈“○”。這就驗證了

徐鉉的說法"一曰象形。從口，古口複注中，故與日同"與

段玉裁的說法"一曰象形。從o…古o複注中，故與日同"之中的"口"與
"o"就是同一個文字"o"。

實際上徐鉉並沒有錯，對應古"星"字的原始圖片和中國文字長期發展
演變的過程來看，只是因為宋太宗命其對東漢許慎的《說文解字》進
行校訂，屬於官方正式文獻，後期又經過雕印發行，篆書、隸書改為
楷書、宋體等行文規範文體的要求不得不將"o"寫成的"口"。

**這也同時證明了，在中國古代唐宋時期"o"與"口"就是同一個字的不
同寫法。**在文獻中使用"口"或者"o"就是同一個文字。

而在民間，尤其是在商業交易繁華的地方，如絲綢之路等等，由於簡
潔、方便的需要，直接使用"o"字也是極其正常的事情。

但是，他們所提到的"o"字到底是不是太陽"日"字的意思呢？

我們知道，漢唐時期，圓圈形文字"o"就與"星"緊密相關，尤其是武周
時期的則天文直接將"o"指定規範為"星"字，更是讓"o"（讀音：星；
古音：生）字流行於天下。

《說文解字》許慎版和大徐版還有段玉裁的《說文解字注》都有指
明，""星"，從晶生聲"，那麼"晶"字又是怎麼解釋的呢？《說文解字
注》指出："晶"是"晶，精光也"。

這裏我們把《說文解字注》"圖 6-18"中"晶"字和"星"字的字體形狀演
變圖以及解釋找出來與"圖 6-19""日"字演變流程圖中 1、4、5 字形作
一下瞭解看看它們之間的演變關係。

徐灝（1808 年）在《說文解字注箋》中曰："晶即星之象形文"。就是
說"晶"字是天上星星的象形文字，即是"星"字。

"晶"，此字始見於商代甲骨文，"晶"和"曐（星）"本是同一個字，古
時字形像天上的群星，本義是指星。後加聲符生分化出形聲字"曐
（星）"，而"晶"成為表示星光專義字。"晶"由星光又引申為"明亮、
閃耀"之義。——摘自李學勤主編；趙平安副主編．《字源》．天津古
籍出版社；遼寧人民出版社．2013.07．616

表示星星的字，本是"晶"，甲骨文"晶"用三個圓形表示天上發光的星體。後來因為"晶"被借作"形容光亮"（如"晶瑩"）、"結晶"和水晶礦物用，於是另造了"星"。"晶"與"星"本一字分化。

"星"在甲骨文中就已經出現，是一個形聲字，中間是表讀音的聲旁"生"字；"生"的周圍或兩旁的"口"字形模擬夜空的星辰。周代中期"麓伯星父簋"裏的"星"字的構形已變成"晶"下從"生"了，這是金文，隸定寫作"曐"。但到了戰國時期，便把"星"頭三"日"省為一"日"，體現了中國文字的發展過程是不斷簡化的過程。以後，"星"字就以小篆為基礎發展為的漢隸和楷書。——摘自李學勤主編；趙平安副主編《字源》天津古籍出版社；遼寧人民出版社．2013.07．617；陳政著《字源談趣 800 個常用漢字之由來》北京．新世界出版社．2006.07．349-350。（參見圖 6-20）。

圖 6-20 "晶"字的字體形狀，圖片來源：《甲骨研究穿越千年與古人對話》杭州日報 2021-05-13 14:34 記者、編輯孫樂怡

https://baijiahao.baidu.com/s?id=1699624684509031580&wfr=spider&for=pc

也就是說"晶""星"上古時同字，而且兩個字同音，都念"晶"的讀音。

結合以上"日""晶""星"字形字義的關聯變化和眾多先賢及學者對相關
文字的解釋，按照文字的創造者的思路來看，甲骨文中的"○"（字體
中間有時附帶類似"一點"或者"一橫"的筆劃）應該是代表天上發光的
物體，即帶光的天體。

一個大型圓圈"○"的文字（字體中間有時附帶類似"一點"或者"一橫"的
筆劃）代表著大的發光天體，即太陽，"日"；兩個或者兩個以上這種
小的發光天體，表示著眾多、多個這種"○"，則代表著眾多的發光天
體即"星星"的意思，實際上就是"星"字。而月亮有圓缺之象，則用小
半個大圓形的圓弧，即月牙形進行表示（見商朝的甲骨文"月"字
形）。

而後，將"晶"字裏面添加一個"生"字，其造字的本意應為"在產生於空
中的發光小天體"。用以區分"晶"字，讀音變為"生"。

最終經過不斷地演進，變化為我們現在所看到的簡體漢字"日""晶"
"星""月"四個文字。其思路示意圖標示如下（參見圖 6-21）：

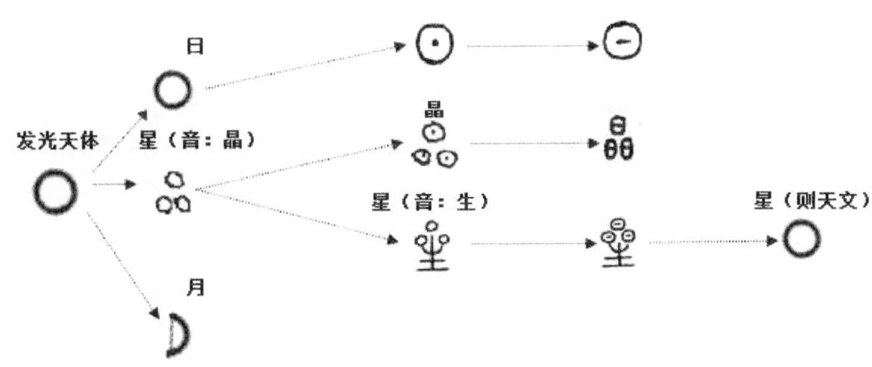

上古造字圓形发光天体思路演变图

圖 6-21 上古造字圓形發光天體思路演變圖

從圖中我們可以看出，在整個演變過程中，只有則天文的"○"（讀
音：星，古音：生）字保存了"圓形的發光天體"的原意，即只有則天
文的"○"保持和繼承了古人造字初期在字體形狀和文字含義兩個方面
的原始狀態。

這樣我們就明白了，"星"字象形的"ο"不是太陽，而是夜空中的星辰。徐鉉的《說文解字》、段玉裁《說文解字注》中如果是象形從"日"就不會寫成從"口"、從"ο"的字體形狀了，畢竟在先賢們從事編著寫作的同時代即"漢朝、宋朝、清朝"時期，"日"字的字體形狀早已定型了，他們不會使用"口""ο"的字體形狀了。

無論是許慎也好，還是徐鉉、段玉裁也行，他們都應該清楚在對古文古字等文獻資料進行解釋的時候，必須要符合作者當時的歷史背景和條件，需要使用同時期人們容易理解的文字和方法進行解讀、釋義。商朝圓圈形"ο"的"日"字時間距離太過遙遠。因此，"星"字只能從"ο"，即則天文的"ο"（讀音：星，古音：生）。所以在徐鉉的《說文解字》（986 年）中我們就應該把"口"字念成"ο"星的讀音。段玉裁《說文解字注》（1780 年）中的"ο"字亦然。

至此，我們可以明確下來，在中國古代，圓圈"ο"這個文字至少可以有如下表達：

"ο"讀音：晶，字形為"ㅇㅇㅇ"，字義"星"；

"ο"讀音：日；

"ο"讀音：星（生）；

"ο"讀音：星（生），字形為"口"。

可能有觀點會質疑，一個圓圈怎麼可能有那麼多讀音呢？稍微瞭解一點中國文化的人都知道，在中國文字有破音字，異體字的現象。異體字是一個字的正體之外的寫法，字音和字義相同而字形不同的一組字。即讀音、意義相同，但寫法不同的漢字。所以，一字多形的異體字現象在漢字的歷史上比比皆是。其實，魯迅先生的孔乙己中就有提到"茴香豆"的"茴"字有四種寫法，雖說他實際上指的是"回"字的一個古文字和兩個異體字，但足以證明中國古代的文字文化博大精深。

也就是說，“〇”“晶”“口”都是“星”字的異體字，其意義曾經的讀音都是一樣的，只是字形不同而已。

還有觀點會認為“口”字應該是古代對空格或者未知文字的一種表現形式，當古人在手工抄錄時遇到無法識別的文字會使用“口”字形狀的方框進行書寫表示。但是這種觀點是不值一駁的，我們沒有在任何古代官方典籍和文獻中找出類似的說明，而且從古到今的文字辭典對“口”的字義解釋中也沒有類似的說法，因此我們在此不作為參考論點。

更甚至有觀點認為，這個方框形的文字是“囗”（讀音：圍或者國）字，是“圍”和“國”的異體字，而不是口（kǒu）字。但是資料顯示，這個“囗”（讀音：圍或者國）字在漢朝之後就慢慢被“圍”字和“國”字分別替代，而在漢唐期間，基本上就沒有文獻顯示“口”字的出現是表達“圍”或者“國”的意思。

因此“〇”字的演變時間線就非常清楚了，從上古時期的“星”“日”到秦漢時期的“星符”和“占位符”再到唐朝的則天文“〇”（讀音：星）、《燕樂半字譜》中的占位休止符又到宋代官方文獻中的“口”最後在金代和清朝歸真為“〇”（讀音：星）然後在近代現代變音為“零”。

關於“零”字

我們再來看看“零”字。

“零”的本義是“餘雨，徐徐而下的雨”，由本義引申為“零碎不整的、細碎的、小數目的”意思。

這裏，大家看到了，**“零”字有“零碎的、細小的”含義，而“星”字呢，也有“細微、細小”的含義，也就是說在古代，“星”字和“零”字有部分的意義相同，在做形容詞時，這兩個文字是可以互相替代的**。這樣意思相近的兩個文字，在組合成片語後，即形成“零星”這個辭彙時，其共同的性質就完全表露無遺。而最早出現“零星”這個詞語的是在明朝唐順之的《與莫子良主事書》中：“正不資籍此零星簿子也”。

而單獨用漢字“零”來表示數字“0”概念首見宋紹興年間，趙彥衛《雲麓漫鈔》：“城成，週六裏半零六十五步”。**這裏需要明確的是，既然漢語文字“零”字在此時可以代表數“0”了，那麼使用“〇”即“星”字代表數**

“0”也是非常自然的事情了，畢竟“零”“星”都有“細小、微小”的含義。當然，此時所說的“星”字就是“○”和“囗”的字體形狀了。

“零”“○”合用於數“0”的記載是較晚的事，大約在 19 世紀才明確。清代華蘅芳《學算筆談》：“名位之數，既俱可用自一至九之各數記之，則其空位當以零字記之，或作一圈以代零字亦可”。

事實上 1039 年宋朝的丁度在《集韻》卷四中就指出：“零…又姓。或作囗，亦從泠，古作囗”。這其中的“囗”字就是“○”（讀音：星；古音：生）字，因《集韻》此書也為宋代官方正式文獻，對於文獻書寫規範性需求，故其化“○”為“囗”即為真實之實證。實際上就已經說明了“○”與零在 1039 年前就已經是同音同義了。這與我們理解的徐鉉《說文解字》（986 年）中的“囗”實際為“○”（讀音：星；古音：生）的情況相互印證。

既然圓圈“○”讀“星”的聲音，為何如今改變為“líng”零的讀音了呢？

這是與漢語文字書寫系統數字大小寫的規範化分不開的。它們規範的書寫體系如下：

中文小寫數字：○、一、二、三、四、五、六、七、八、九；

中文大寫數字：零、壹、貳、三、肆、伍、陸、柒、捌、玖。

在大小寫數字規範過程中，表示同一個數字的大小寫文字發音會歸為統一。

比如“六”和“陸”，“陸”的本音為“努”“錄”，即“陸地”的“陸”。唐朝後跟隨小寫數字讀音改為“lìu”六；再如“九”與“玖”，其中“九”在唐朝之前音同“鳩”“究”“糾”，大小寫規範後跟從大寫數字“玖”的讀音變為“久”。

而圓圈“○”（讀音：星）也是一樣，在大小寫規範後跟隨“零”的讀音更改為“鈴”。

明末清初大學者顧炎武在《金石文字記：岱嶽觀造像記》中說：“凡數字作壹、貳、三、肆、伍、陸、柒、捌、玖等，皆武後所改及自製字。”

實際上，經過學者們的研究顯示，在武周朝之前西元 4 世紀前後的東晉末年時期，中文的大小寫數目字碼已經開始孕育普及，這就是大小寫數字字碼開始進行規範的時間。之所以圓圈"〇"（讀音：星）之後讀為"零"，一定與"〇"（讀音：星；古音：生）與"零"組成片語"零星"、中文大小寫數字合用等事件有著密切的關係。

通過以上的脈絡我們可以知道"〇"（讀音：星；古音：生）與"零"表達數"0"關係是從東晉時期就慢慢開始孕育了，宋朝使其相通，明朝使其相結合、清代才明確記載下來，其發展是經歷了一段相當漫長的時間。

也就是說，"〇"（讀音：星；古音：生）或者寫成"口"和"零"這兩個字，自古都有相近的意思。在晉唐時期已經開始進行規範，在宋朝時其可以互相轉化相通，而其真正組合成同一含義的片語時，時間已經來到了明朝時期，再等到他們成為數學意義上完全相同的數碼字元廣泛傳播時，已經到了清朝時期。這時候，"〇"（讀音：星）也就跟隨著大寫的"零"變為"零"的讀音了。

至此我們已經完整地解釋了數"〇"的形狀演變路線，即：

"〇"（星辰的占位符）→"空格"（籌算占位符）→"〇"（星字定型）→"〇"（樂譜休止符占位符）→"口"（"〇"（讀音：星）字的形狀變異）→"〇"（還原為"〇"（讀音：星）字形狀，後期變音為"零"）

可能還有觀點認為不應該把則天文字中的"〇"（星）字拿出來與數"0"的漢語表達文字放在一起進行討論，認為其與數字無關，我們在這裏提出三點理由，以茲探討。

其一，數字是文字的一種特殊表現形式，但其本質還是文字，即數目字。

其二，則天文字並不是憑空而來的，據後世的一些文字研究人員研究，則天文字當中有很多是來自古文或者篆文當中的。其中的"〇"（星）字很多人認為已經失傳，實際上這應該也是一種誤解，《現代漢語詞典》《新華字典》《中華字海》等辭書都收錄了"〇"形狀的文字"〇"（讀音：星）。

大家都應該知道，中國古代文字的演變經過了幾個歷史階段，如甲骨-金文-篆書-隸書-楷書-宋體等等，其中還有行書、草書的演變。文字的規範會要求書寫時把圓形筆劃改為方形的筆劃，而行書、草書又會把規範的筆劃改變為弧形筆劃，這種筆劃的變化直接導致了字體形狀的變化，如"員"字的演化，其上方的"口"字，一直到漢代還是圓形。

當然，在規範的文字著作中"〇"（星）字可能逐漸被規範化，比如變化為"口"字形狀，尤其是唐宋後期都在使用的楷書、宋體字體的出現，情況可能更是如此；另一個原因可能是儒家文人墨客對武周王朝非正統性的一種抵制。但是，這並不能影響其在底層民間的正常使用與傳播，畢竟其是由皇家政府正式發佈的規範性文字字體，特別是唐朝時期，武周朝實際上也是唐朝歷史的一部分。

武周朝的則天文，畢竟是皇帝、朝廷頒發的法定規範文字，何況其中還有許多文字是繼承古體，來自篆文、古文、大篆或民間，一直在國家社會中進行使用，比如"〇"（即"日"字，一個"〇"中間一個"乙"字，為太陽，是"金烏"鳥的形意字）字。鈕樹玉《說文解字校錄》：然北齊河清二年石刻造像已有"〇"字，武後蓋襲用。

則天文是不應該被小覷的。武則天在中國歷史中的影響力是強勁的，從西元 664 年"二聖臨朝"到 705 年"還政李唐"整整統治了強唐四十年。而我們熟知的隋朝以及民國時期，分別統治中華大地也才三十多年的時間。

這種文字書寫使用生態不是部分學者專家隨意說棄用就棄用、說失傳就失傳了的，除非同樣是國家級政令進行重新界定文字的字形字義及使用規範，於是乎在近三百年之後徐鉉的《說文解字》、丁度的《集韻》終於承擔了這樣的使命。

任何歷史文獻資料都應該放在當時的時代背景中去探究其歷史真相，哪怕現在"〇"（讀音：星）字不再讀"星"的音，也不能否定其在漢、唐、宋時期，尤其是"唐、宋"時期的讀音為"星"（古音：生）的事實。這是不以部分個人主觀意志所能磨滅的，這是歷史的客觀存在。

其三，中國的數算發展原本就與天文曆法相關，中國古代的算數和天文曆法往往被歸為一類，稱為"曆算"，曆法和算術，即推算歲時氣節的次序的專門學問。很多算書實際上就是計算天文曆法的著作，很多星象圖裏面，包含算書著作裏面的星象圖對夜空繁星的記錄符號就是"O"，或者線段連接起來的星串（座）。所以文字"O"（星）與算數有著必然的聯繫。

因此，瓜廖爾石碑數字中的圓圈"O"字元號，極有可能是從唐朝民間流傳到東南亞、印度次大陸等地方的。畢竟與天文、算數著作相關的文字"O"是中國最早使用的，而在古代周邊地區和國家都與中國有著密切的往來。

從前文最先列出的整個中國文字對數字"0"使用不同文字表示的鏈條來看，其表述的概念應該是相近的，如無、初始、開端、本源，而後段的"O""空""口""O"則與"星星之火""星空""零星"等片語意思的表達有關，我們不能只是簡單地以巧合來解釋這其中關聯性的問題。

要證明印度－阿拉伯數字系統中的"o"（讀音：零）的字形是來源於中國的文字就應該找出相應的依據，我們認為應該解決以下問題即可滿足要求：

1、中國出現的"O"形狀的文字，必須比瓜廖爾石碑上出現的圓圈形符號"。"小句號時間要早；
2、同時，中國出現的"O"形狀的文字必須含有近代數"0"的定義；
3、同時，中國出現的"O"形狀文字的數"0"定義應與中國其他表示數"0"的文字中的含義具有一定的關聯性和連續性（比如數的"開始"的含義）；
4、同時，中國出現的"O"形狀文字時能夠使用四則運算的形式進行驗證。

為了徹底弄清早期印度－阿拉伯數字系統中的"o"（讀音：零）圓圈在中國文字系統中除了有著"空中的發光小天體"的則天文的"O"（讀音：星）字和前文分析中的各種意思以外，我們再來探求其還有沒有存在其他可能性的讀音和含義，有沒有其他不同的定義內容吧。

關於"員"字

經查證，圓圈文字"〇"在中國漢語書寫體系中確實還存在有其他的含義。圓圈"〇"在中國文字的讀音一為"lǐng"零聲，二為"xīng"星聲，三為"yǔan"員聲。其字形在商周時期已經出現，它的文字字體形狀就是圓圈，與"員"同音同義，而"員"又同"圓"字，與"元""原"一起為異體字。

從外形方面來判斷，次大陸出現的"。"字元與其說來自佛教中"空"的思想，還不如說來自於中國古代漢字中的"o"（讀音：圓）"o"（讀音：日）"o"（讀音星）等文字更合適，畢竟中國有形的"o"（讀音：圓）的漢字符號，從殷商時期就有了。

圓圈"〇"這個代表"圓"字含義的文字符號形狀，出現在中國的商代金文（參見圖 6-22，參見圖 6-23），

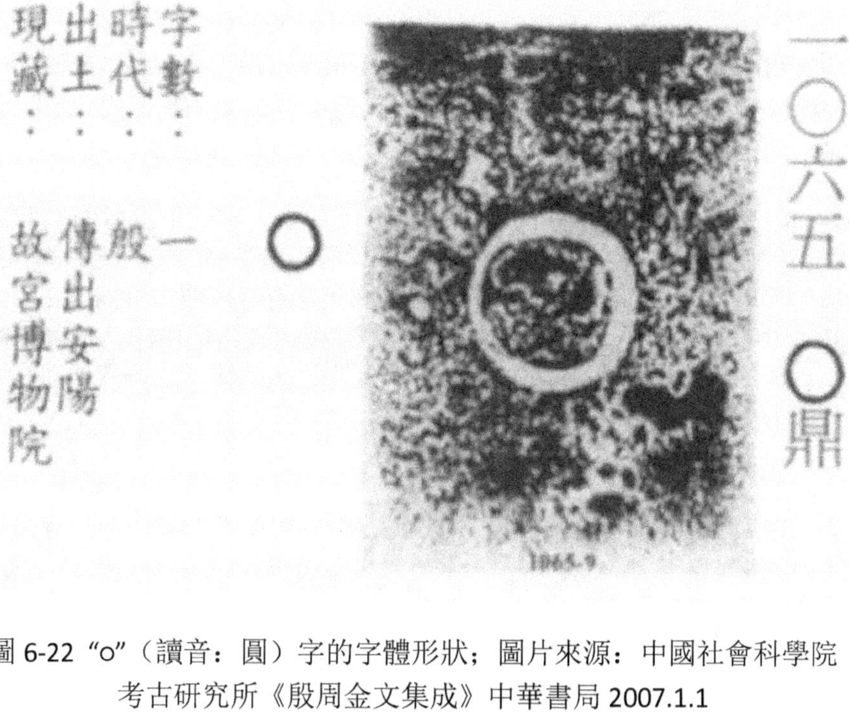

圖 6-22 "o"（讀音：圓）字的字體形狀；圖片來源：中國社會科學院考古研究所《殷周金文集成》中華書局 2007.1.1

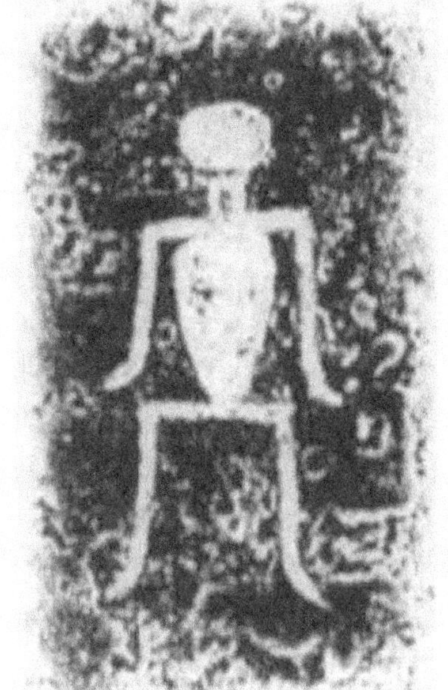

圖 6-23　《殷周金文集成》中文字的確定方式；圖片來源：中國社會
科學院考古研究所《殷周金文集成》中華書局 2007.1.1

從圖 6-22、圖 6-23 中我們可以認識到《殷周金文集成》中此類圖片
的構成形式：一個青銅鼎文字刻符影像，左邊對應一個文字解讀、右
邊以此文字對青銅鼎進行命名，最左邊依次是青銅鼎收藏地、青銅鼎
的年代及文字數量。

以此我們就可以確認圖 6-22 中青銅鼎上的文字即是"o"（讀音：
圓）。

商代金文有個字寫作　，也是"圓"的初文，後來在下部加上"鼎"，既
能明確字義，又能避免與其他字形混淆。這樣一說，"員"就是會意字
兼形聲字了。——摘自李學勤主編；趙平安副主編.《字源》天津古
籍出版社；遼寧人民出版社. 2013.07. 563

《字源》的這段文字告訴我們："o"是"員"的初字，也是"圓"的初字，
是表示圓形的本義。

“圓”“原”“元”在古文中為異體字，即可以相互替代。如人民幣的“元”和大寫的“圓”同義，“元始”與“原始”也為同義詞。而“圓”的本字為“員”，“員”的初始字為“ο”圈，即“ο”“員”“元”“圓”“原”這五個字在古代中國是同一個字，是可以相互替代的。其中“員”這個字還有“物數”的意思。《說文》：“員，物數也。”也就是說，在中國古代，這五個字，包含“ο”圈這個文字，是同一個字的五種不同寫法，並起碼含有以下三個方面的含義：1、形狀，圓形；2、開始，起點；3、物數。這三個含義都是現代數“0”的基本特徵，用一句話概括就是“數的原始起點”。因此在古代中國官方統治階層以外的民間，使用簡單方便的“ο”圈表示數的開始、自然數的起點是一件非常自然的事情。經過發展，促使文化層、統治階層在文獻中使用文字“ο”圈替代其他漢字，也是順其自然的事情了。

以上分析顯然地證明了古代中國數學中對數“0”的概念表達自始至終都是使用漢語文字進行表達的，數“0”中自然數起點的基本定義一脈相承、貫穿始終。

由於中文漢字“ο”（讀音：圓）自古就含有“起點”“開始”“物數”等數“0”的基本定義，又有簡單的筆劃，其在中國民間用來替代其他表示數“0”的概念文字是一定會發生的事情，也許從《九章算術》中“無”的概念出現時就有了。

我們推測，唐代武則天推出的則天文字中“ο”（讀音：星）字的出現加大了這種民間替代的可能性，因為在則天文字（參見圖 6-24）推出之前，由於隸書、楷書的推廣，已基本淘汰和邊緣化了弧形筆劃結構的文字，使中國文字形成方塊形字體。“ο”圈這個文字會逐漸淡出人們的視線，遺忘成為一種趨勢。

表 1：齐元涛，武周新字一般常见字形

新字	囚	○	曌	坐	⊖	⊕	匜	乔	埊
旧字	國	星	照	地	日	月₁	月₂	天	人
新字	乘	忠	正	墾	釜	肃	稬	困	埊
旧字	年	臣	正	聖	證	載	授	君	初

圖 6-24 則天文字；圖片引用：張欣《漢字構形學視野下的武周新字》長安學刊 2019 年 1 期 2019.3.17；來源齊元濤，武周新字的構形學考察[J].陝西師範大學學報（哲學社會科學版），2005，34（6）：

78

然而，則天文字的推出，本身來說對當時的文化層就是一種轟動效應，更不用說其中的"○"（讀音：星）字與上古"○"（讀音：員）、"○"（讀音：日）字形狀完全一模一樣，喚醒了人們的記憶，自然少不了文化人對其進行深刻的研究和探討。而則天文字寥寥幾個中最引人關注的"曌"字裏面含有"空"字，"○"（讀音：星）空、空洞的含義更容易使人與上古"○"（讀音：員）、"○"（讀音：日）字產生聯想。

所以，此時用"○"（讀音：星）替代數字中的"0"概念的漢字表達文字"空""本""端""初""無"是一個非常符合時代背景的重要的時間契合點了。

同樣的概念我們在數學內外的運用場景中都可以找到，如笛卡爾坐標系中的"0"，我們可以稱之為"0 點"，"零點""原點"，"元點""起始點"。還有圍棋中的"天元點"，算盤上定位的"○"（讀音：星）圓點，老式秤桿上標示的"○"（讀音：星）圓點等等。

用不同的文字表達同一個事物的話，這些不同的文字辭彙之間必定有著某種邏輯上的聯繫，如果完全沒有聯繫和關聯性，肯定是因為我們對此事物的觀點及看法發生了改變，或者事物本身的概念內涵發生了巨大的變化和差異甚至斷裂（即外部因素和內部原因）。但我們看看這些表示數"0"的古代文字之間有沒有關聯性呢？答案其實是肯定的。

同一個簡單筆劃的文字字元，在手寫年代可能有著不同的讀音和含義，比如"一"，單獨地看，其可以念"壹"，也可以念"負"，還可以念"減"，其意義完全不一樣。如果用中文漢字來表示一個簡單的橫式算式，如"一一一一"，大家認為應該怎樣計算呢？遇到這樣的問題，估計所有的中國人都會發狂。這也就是直到數學中的符號減號"一"產生並規範之後，中國不得不引進印度－阿拉伯數字系統的因素之一吧。

關於"○"的音義問題：

我們從前文可以看出在商代"o"在金文中是"員"的初文。還有"日"字的字體形狀也是"o"。

通過仔細查詢，金文"o"還是大寫的方框"口"（念"圍"或者"國"字音）。

甚至有觀點認為在宋紹興年間人們在圈點刻本書時，在段落與段落之間也用"o"做標識，還有專門的讀音：讀若"圈"，在這裏"o"代表段落間的空位。

因此，我們在這裏有必要把前文提到過的和我們瞭解到的"o"字的讀音和字義進行整理，厘清其最終應該讀什麼音，表達什麼含義。

商代金文：

　　"o"讀音："日"，商周後期逐漸被"日"字取代；

　　"o"讀音："員"，商周後期改為"員"，"o""員""元""圓""原"五字為異體字；

　　"o"讀音：念"圍"或者"國"字音，篆體時改為弧形的"口"，後隸書、楷書改為方框形的。而"口"為"圍"與"國"的異體字，破音字讀音為：圍、國。因其字形與"口"（讀音：kǒu）相混，一般不做單字使用，只作偏旁；

商代甲骨文：

"ο"讀音：晶，字形為"晶"；"晶"和"曡"（星）本是同一個字；

秦漢時期：

"ο"讀音：星（古音：生），字形為"ο"，天文、蔔卦中的占位符；

唐代則天文：

"ο"讀音：星（古音：生），字形為"ο"；

金朝：

"ο"讀音：星（古音：生），字形為"〇"《重修大明曆》1180 年；

宋代文獻：

"口"《律呂新書》；讀音：星，字義：空白；

近代現代：

"ο"讀音：零，字形為"〇"，字義為數字"0""星"；

其他用途：

"ο"讀音：洞，字形為"ο"，字義為軍事用語，數"0"；

"〇"讀音：圈，字形為"〇"，字義為段落間的空位。

從中我們可以看到，除去"日""圍""國"三字的字義後，剩下的"占位符""元"（金元數、元始、原點）、"星"（細小、散碎）、"空白""零"這些文字含義都與數"0"相關聯，而其中以"星"（古音：生）字的讀音使用時間是基本連續的，而且時間最長，是為主要讀音，那麼其為數"0"的中國古代數目文字"ο"是為必然。

（3）中國數“〇”文字符號及形狀的變遷和融合線路圖

中國數零文字中“空”字的含義，本義是孔穴的意思，引申指沒什麼內容，空洞。古時同“孔”，孔有方圓，即“孔方兄”（古代銅錢）天圓地方，與“圓”形相關，也就是“元”。而“無”字中也有“元”即有“o”（古時讀音：員），因此在用文字表達數“0”的線路中，“空”字與“無”字都含有“元”即“o”（讀音：員）的意義，其前後相呼應，相隔五百到六百年左右的時間，這時候則天文字的“o”（讀音：星）字的出現，使這種演變進行了交融，從而使得音樂、天文和數學文獻中直接出現了代表數“0”的中文數字符號“o”（讀音：星）或者變體字“口”。這種演變毫無懸念，其概念和符號一脈相承，幾乎沒有任何偏差，其演變過程絲毫不會讓人感覺到突然和意外。

我們把其過程表示如下（參見圖 6-25）：

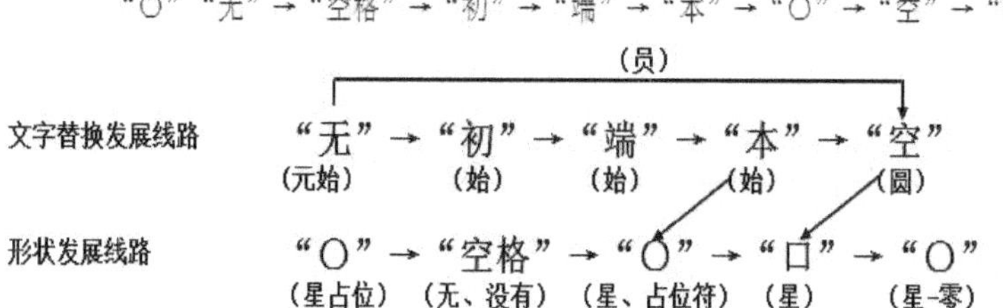

圖 6-25 數“〇”文字符號及形狀的融合線路圖

可能有觀點會認為“祖沖之《大明曆》（463 年）中用‘初’；747 年隋唐樂譜《燕樂半字譜》用‘o’”這些文獻都是天文及音樂方面的文獻，應該與數學無關，其實這是極其錯誤的認識。

值得我們注意的是在中國古代，對算數、天文、音樂知識並沒有像近代、現代知識界教育界一樣進行專業的學術分類。在中國古代，這些知識有時候都是混合為一體的，如“曆算”和“律學”。還有專門掌管曆法的官職，因知識的深奧而世襲，形成特定家族代代相傳，這些人被稱為“疇人”（詳見阮元《疇人傳》），後引申為專掌天文曆算之人，如祖沖之、祖暅之父子。

實際上數學的發展是與天文學密不可分的，其中尤以對曆法的貢獻最大。古今中外，很多數學家實際上也是天文學家，如祖沖之、婆羅摩笈多、花拉子米等等，很多天文曆法書籍同時也是數學書籍，如《周髀算經》《大明曆》《開元占經》《欽天曆》《蘇利耶曆數書》《九執曆》等等。在世界歷史中，全世界最多的曆法資料來源於中國，包括現存古籍和考古文獻資料。據考證，中國歷史上擁有 100 多部不同曆法。眾多的曆法成就需要龐大繁雜的計算方法和運算量，促進了數學的發展。而曆法書籍也成為數學交流的必然載體。

天文星象圖中以圓圈代表星辰，中國早期天文數學文獻中含有大量的星象圖，中國最早的星象圖為"河圖洛書"。

數學的發展與人類的生活生產息息相關。古人類在舊石器時期人們漁獵而生，至新石器時期時，隨著農耕文明的發展，人類從憑運氣漁獵吃飯，變為靠天看天氣節吃飯，觀天算日變為必然趨勢。中國唐代數學教科書《算經十書》中的第一部《周髀算經》就是研究天文的書籍。

中國自古以來都有政府專門機構掌管天文曆法的傳統，其職能為觀察天象、推算節氣、制定曆法等，如秦漢時期的太史令、唐宋時期的太史局、明清時期的欽天監。相當於現今的天文臺和氣象局的工作內容。其日常工作中會面臨大量具體的計算工作。三國時期的趙爽在《周髀算經》中曾說："渾天有《靈憲》之文，蓋天有《周髀》之法，累代存之，官司是掌"，是一代又一代長期掌握在官司人員手中的官書。

《周髀算經》中記載關於畢氏定理的有這樣一個內容："周公問："天沒有梯子可以上去，地也沒法用尺子去丈量，那麼關於天的高度和地面的測量數據是怎樣得到的呢？商高答曰：數之法出於圓方，圓出於方，方出於矩，矩出於九九八十一（意即計算）。

而當今人類社會最具有高科技代表性之一的超級電腦，每秒鐘達 100 億億次的計算能力，其主要的應用領域也是在天文、氣象等方面，幫助人們改變瞭解自然世界的方式。種種這些，都足以說明數學計算與天文的緊密關係。人類早期對天文曆法探索的著作與數學計算密切相關、相互滲透已有認識：如星圓"o"文字符號等，是一件非常自然的事情。

音樂也是如此，古今中外，很多數學家同時也是音樂學家，如：古希臘的畢達哥拉斯、義大利的達·芬奇、德國貝多芬、中國的秦九韶（1208-1261）、朱載堉（1536-1611）英國的約翰·鄧斯泰布爾、A.J.埃利斯（1814~1890）、美國的本傑明·富蘭克林。

中國古代對音樂一向都比較重視。

春秋時期孔子所謂的"禮崩樂壞"，心心念念主張並想要恢復的"周禮制度"即為"禮制"和"樂制"兩個部分。其中"樂"就是基於"禮"的等級制度，運用音樂進行緩解社會矛盾。世界上沒有任何一個國家能像西周那樣，把"禮儀"和"音樂"提升到政治高度來治理國家。這為中國"禮儀之邦"的文明國度樹立了一個典範。

古代中國有一種專門的學科稱為"律學"。即研究音樂體系中音高體制及其相互的數理邏輯關係的科學。它是音樂聲學、數學和音樂學互相滲透的一門交叉學科。

在中國正規歷史文獻"二十四史"中多部書內都有《律曆志》，亦稱作"律曆"，即"樂律"和"曆法"。記載當時的樂律理論，是正史書志的一個十分重要的內容。其中有《史記》《漢書》《後漢書》《宋書》等等。可見在中國古代"律學"的地位一點不比"曆算"差。

我國先秦時期的《管子·地員篇》《呂氏春秋·音律篇》中的"三分損益律"和"五度相生律"，西漢學者京房使用高次冪問題計算出的 53 個音階"新律"，明朝朱載堉的《律學新書》用珠算開 12 次方計算出的"十二平均律"。這些世界級的偉大發明，無一不是依賴中國古代燦爛輝煌的數學成就。

而在 747 年的隋唐樂譜《燕樂半字譜》也稱"俗字譜"。（——摘自西安市地方誌辦公室 xadfz.xa.gov.cn《電視劇<白鹿原>中的國家級非物質文化遺產——藍田普化水會音樂》

發佈時間：2017-10-25 09:58）即《燕樂半字譜》是使用文字進行譜曲的。

這種樂譜形式在唐朝最盛行。那麼在其樂譜中出現唐朝文字"ㅇ"（讀音：星 xīng，古音：生），大家認為按照唐朝皇帝武則天行政公佈的

"星"字讀音發聲應該是沒有問題的吧？也就是說則天文中的這個"o"字的字音和字義，現實生活中應該是在《燕樂半字譜》中得到了保存和繼承，一直到現在。

在《燕樂半字譜》中使用"o"表示空位、休止符，這與現代簡譜中使用數"0"表示休止符是異曲同工的狀況了。這種"空位"也是與算術知識分不開的，其在功能上已經相當於位值制計算時的空位了。

因此，有關天文、音樂方面的古代文獻只要涉及算數問題的，我們即可認為其為算術知識，應該予以認可。

至此我們明確了中國數"o"在此時就已經具有了"空白、占位符、無、沒有（絕對零）、最小的自然數、"o"加正得正，"o"加負得負"等與近代印度-阿拉伯數中"o"形狀的現代數"0"基本概念形狀的特徵性質了。

所以，從以上中國數"○"文字符號及形狀的變遷和融合線路來說，我們可以明白無誤地得出現代的數"0"從定義和形狀來說都是由中國古代文明發展出來的結論，這一點不應質疑。

用一句話表達就是，數"0"的形狀是由中國古代表示星座位值的占位符、占蔔中的數字占位符、則天文字"○"（讀音：星）、音律中的空位符等文字"○"（讀音：星）演變而來的，並在唐代與代表數"0"概念：即有"開始"含義的其他文字相融合，且結合其在等式、方程計算中獨特的數字屬性，即""0"加正得正，"0"加負得負。"等因素，從而形成了真正意義上的古代數"○"（讀音：零）、即印度—阿拉伯數字體系推薦給西方的"○"（讀音：零）。

再簡潔一點表達就是，印度—阿拉伯數字體系中近現代數"0"的概念、數字特性和文字形狀都是起源於古代的中國。

這一點，從花拉子米、斐波那契在推薦"○"的時候認為其不是一個數字的認知上也可以看得出來，他們對中國古代的"○"（讀音：零）只知其一（占位符），卻不知其二（即開始的自然數字）。

這應該就是古代跨區域交流環境惡劣的背景條件下（地域概念混亂、交通不便、書籍匱乏、語言不通等等），文化元素得不到及時充分傳播，而產生的遺漏現象吧。

（4）次大陸數"0"的概念和文字形狀發展線路

總結前文印度次大陸的考古和文獻資料，其有關於"〇"定義和形狀的用文字表述出來

其發展線條就是下麵這樣的：

".." → "Sunya" → "void" → "." → "shunya" → "。"

（占位）　（空）　（空、無）　（占位）（空白、沒有）（空位）

可以看出，次大陸的數"0"發展史中各個時期同樣也是使用不同的文字符號來表示數"0"概念的，這一點與中國的情況一樣。

5. 為什麼說"0"是中國發明出來的，而不是次大陸

前文我們討論了一些有關於數"0"的相關問題，包含數"0"產生的背景、數"0"的空位表達、數"0"的定義、數"0"的文字記錄形式、數"0"的表現形態、數"0"參與計算、數"0"的等式方程計算證明形式等。這裏面籌算就是一個計算過程的直觀演示，其工具就是算籌，因此在計算過程中擺弄一根根的算籌，將其放入相應的位置，就相當於等式算式的運算過程。

在這裏，我們用本世紀初還能常見的算盤的計算過程做一個展示。

A. 當我們在算盤上撥弄算珠，打出一個含"0"的多位數後，那麼這兒的"0"在算盤上的相應位置就是空的（沒有算珠）。而古代在書寫表達記錄這個情況下的"0"是用的其他形式，其中含"空格""沒有""無"等等。比如數據"201"可能會寫成"2 口 1"或者"2 無 1"。也或者如次大陸巴克沙利手稿的圓點一樣寫成"2.1"。那麼此時"0"的表達形式"空格""無""."這些就叫占位字元。因為他們佔據著"201"這個數的十位位置，表示在"201"這個數據十位的位置上是沒有數值的。在多位數的數據中，使用這個占位符號可以在"個、十、百、千、萬"等任何位置上都表示沒有。

B. 那麼當算盤上已經擺出的一個數據"308"，然後要計算這個數據加上另外一個數據比如"10"的結果。此時在個位位置上計算後"8"+"0"的得數中個位位置"8"是不變的；在十位位置上空白加"1"的結果是會改變為"1"的；而在百位的位置上"3"+空白的結果也是不變的。如果使用算籌的豎式公式計算形式來進行計算過程的表達可能會更加直觀，如圖（參見圖 6-26）：

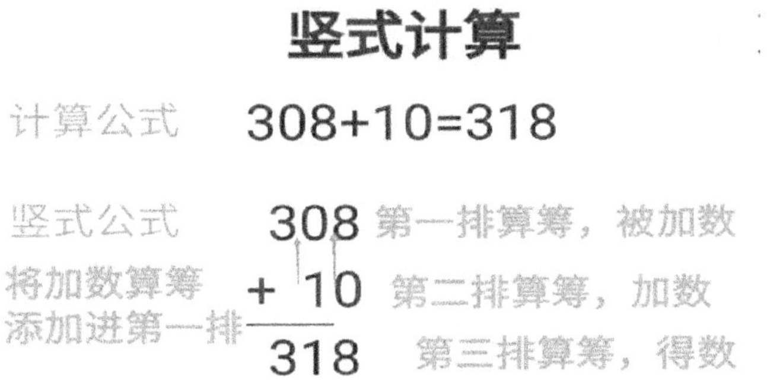

竖式计算

计算公式　　　308+10=318

竖式公式　　　308　第一排算籌，被加数
将加数算筹　＋ 10　第二排算籌，加数
添加进第一排　─────
　　　　　　　318　　第三排算籌，得数

圖 6-26 豎式公式計算案例

我們把被加數作為第一排算籌，把加數作為第二排算籌來看待，進行加法運算就是添加第二排算籌到第一排的對應位置之中，第一排算籌就會得到第三排的計算結果。因為此時的"空白""沒有"和"0"都參與了實際的運算過程，所以此時的"空白""沒有"和"0"就應該稱為數"0"了。它已經具有了自己作為"數字"的計算法則和性質特徵。

當然，如果範例 A 的"201"中的"空格""無""沒有""."等形式的"0"參與了計算過程，那麼也同樣可以稱其為數目文字"0"了。就像數"0"在英文中寫為"zero"，在越南寫為"khong"一樣，並不是只有圓圈"o"的文字符號才唯一地代表數"0"。

即是說，不管在古代"0"的書寫表達形式是文字也好還是符號也罷，只要是其參與了實際計算過程的，具有數的特性的，我們就應該認為其是真正的數"0"。參與了實際的運算過程是驗證數字"0"出現的唯一標準。

中國與印度次大陸在唐宋時期的交流已達到高峰，中國文化對印度次大陸的影響也日趨強大，主要是因為中國的少數民族在歷史上曾多次統治過印度次大陸地區，如貴霜王朝（30 年—375 年）、帖木兒王朝（1370 年—1507 年）、莫臥兒王朝（1526 年—1857 年）、阿洪姆王朝（1228 年—1826 年）等等，並且兩個地區之間長期存在的多種線路絲綢之路的貿易形勢，而算術、曆法文獻定為重中之重。存在於曆法文獻中的數學和天文星圖必然會呈現於印度次大陸的學者眼前。中國古代文獻星圖中的星宿，就是使用圓圈"o"符號進行標識的。我們前文提到過，古代印度次大陸在幾何方面的成就不及希臘，在算術、代數上的成就不及中國。而在學習中國天文文獻後，引用其中的符號是一件非常正常的事情。尤其是在則天文"o"（讀音：星）出現之後。

印度數學史家 Kaye 曾表示：印度與中國的數學有很多平行之處，而印度是欠了中國的債。

"由於印度屢被其他民族征服，使印度古代天文數學受外來文化影響較深，除希臘天文數學外，也不排除中國文化的影響，然而印度數學始終保持東方數學以計算為中心的實用化特色。與其算術和代數相比，印度人在幾何方面的工作顯得十分薄弱。""印度數學最早有文字記錄的是吠陀時代，其數學材料混雜在婆羅門教和印度教的經典《吠陀》當中，年代很不確定，今人所考定的年代出入很大，其年代最早可上溯到西元前 10 世紀，最晚至西元前 3 世紀。吠陀即梵文 veda，原意為知識、光明，《吠陀》內容包括對諸神的頌歌、巫術的咒語和祭祀的法規等，這些材料最初由祭司們口頭傳誦。"—摘自中科院科普雲平臺中國科普博覽《古印度數學史》

《吠陀經》的作者們聆聽啟示，並口耳相傳了約三千年，一直到西元 15 世紀（還有一種說法是 19 世紀），才被寫成書本。

這其中起碼有三點是值得關注的，

其一，印度次大陸在西元前是沒有關於數學方面翔實的文字和考古記錄資料的；

再者，古代印度次大陸的幾何差，算術和代數強，而算術代數更是中國古代的強項，印度次大陸極有可能在數學代數上受中國古代影響。

其三，印度次大陸數學始終保持東方數學以計算為中心的實用化特色，而實用特色正是中國古代長期所有科技（含數學）固有的發展特點。

因而，印度次大陸相關數學方面的成就有很大的可能性是來源於中國。

此觀點同樣可以從以下幾個方面加以印證：

1.印度次大陸在 1858 年被英國殖民以前從未真正統一過。長期處於外族侵略、國土分裂、各族之間相互獨立，文化不同，交流不暢的狀態。

當今印度國家的語言體系異常繁雜，其憲法承認的語言就有１０多種，登記註冊的達１６００多種。印度不同族群人口間口頭語言紛繁眾多。至少有 30 種不同的語言及 2000 種方言已經被辨識出來。印度憲法規定印地語和英語這兩種語言為政府交流用語言，即為印度的官方用語。另外，印度憲法亦劃分出 22 種預定語言，這些語言出於行政目的可以為不同邦政府所採用；它們也可以作為不同邦政府之間進行交流的工具或是作為政府公務考核語言。時至今日，印度 100 多個民族各有獨立文化，甚至各邦的員警制服和制度都各有想法，中國軟體要進軍印度都得配上十多種語言。因此古代次大陸沒有統一獨立發展高科技的文化背景。

2.印度次大陸在數字創立起源上極有可能受中國古代影響。著名科學史專家李約瑟院士指出：“印度數字中的 0，很可能起源於東印度和中國南方文化接壤的地區。”

3.我們不知道印度次大陸是否也有破音字符，但印度次大陸瓜廖爾石碑上出現的“○”（我們把它用句號代替）是什麼定義呢？是否含有現代數“0”的意義呢？雖然表面上看字形幾乎完全一致，卻有可能其定義完全不同。由於其字體“○”形狀與其他同時排列出現的數碼字體大小完全不同，如果說它同樣是數碼字體的話，這並不符合文字書寫與雕刻的規範形式的邏輯要求。那麼瓜廖爾石碑上出現的這個“○”的符號我們就有理由認為它不是完整的數“0”的定義，而可以只看作是一個占位符號，與印度巴克沙利手稿中出現的“.”圓點符號一樣。甚至，因為其外形和大小，更可以把其看作為現代文字書寫體系中的逗號、頓號等形式的標點符號類型。

4.印度次大陸的古籍文獻及考古資料中，並沒有發現同期的或者前期的對符號“○”所表達的含義和性質的相關表述，我們只是看到其字形與現代的數“0”非常像，但我們連其讀音和定義都不清楚，如何就能確定其是現代數“0”的來源呢？因此，僅憑符號的外形就確定其為現代數“0”的外觀形狀起源，顯然是不科學、不符合邏輯的。

5.還有觀點認為，次大陸出土的廖瓜爾石碑上的“○”字元的概念來自於大乘佛教中的“空”的思想。但這種說法是經不起推敲的。

其一，大乘佛教晚於道家學派，在《九章算術》之後，其具有“空”的思想但不能說是獨創；

其二，大乘佛教中的“空”沒有與圓的形狀的關聯，是沒有圓的概念的；

其三，大乘佛教中的"空"是指"一切存在之物中，皆無自體、實體、我等，此一思想即稱為"空"，亦即謂事物之虛幻不實，或理體之空寂明淨"（摘自織田得能著，丁福保譯《佛學大辭典》中國書店出版社2011.7 第一版）。

就是說佛教的"空"是指無物、無形，是虛幻的、無實體的，是絕對的"空"；是"本來無一物，何處惹塵埃"的空。所以佛教不會去選擇用有形的中空的、由實線組成的"方框形""三角形""圓圈形"等實體圖形文字去替代"空"的思想含義，起碼應該使用間斷的不連續的虛線所組成的圖形字元形式來表達更為合適（參見圖 6-27）。

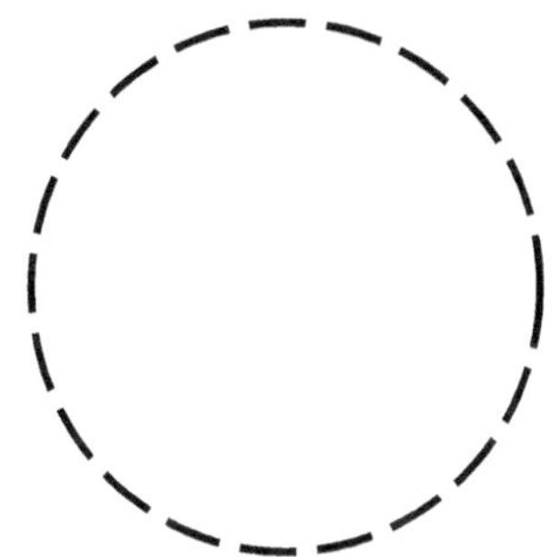

圖 6-27 虛線的o

退一萬步來說，即便印度次大陸的這個"o"字元帶有佛教中"空"的思想含義，其最多也只是與中國籌算中的"空格"符、次大陸前期巴克沙利手稿中的圓點"."字元一樣不含數的性質，是一個表示沒有的占位符而已。畢竟次大陸沒有對此字元的性質描述。只是字形雷同於近代意義的數"O"罷了。

李約瑟院士說中國首先使用的位值制促進了"0"出現，實際上中國不光只有位值制的首先使用，還有計算空位的首先使用、正負數的首先使用、算籌計算工具的首先使用、數"0"概念（占位符及加減運算規則）的首先使用等一系列的數學成就，才促使了數"0"的出現，這是世界上任何一個地區的數學發展史都無法比擬的、偉大的科學貢獻。

用時間橫軸來對中國與南亞次大陸兩個地區"0"的發現作一個比較分

析，我們是很容易得出這個問題的答案的（參見圖 6-28）。

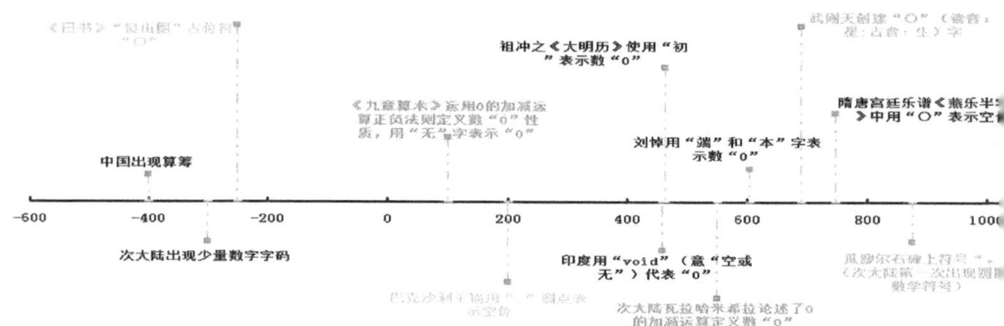

圖 6-28 中國與南亞次大陸地區"0"的發現比較

大家可以对比其中表示數"0"定義的開始時間。

我們回頭再來看看來自於 Bill Casselman 教授的瓜廖爾石碑圖片，印度次大陸石碑上小圓圈符號"○"的情況，它比石碑上其他的數字符號起碼要小五分之三，文字的大小比其他數碼符號要小很多，而且集中體現在文字格式的上半部分（不居中），屬於一個非常不正常不規範的文字符號，非常像是從其他文化中借用的外來文字符號，尤其是中國古代的"○"星字和天文星圖中的"○"星號符。

再則，這個符號，其表現形式也只是用來記錄數物和物數，而不是出現在等式算式之中；還有，在當時印度次大陸內部的文化並不統一，且孤證不立的這種情況下，直接稱其為數學文字或數碼符號是不符合實際情況的，這裏出現的"○"圓圈字元，應該視其為定位符才是符合科學原理的。

所以為什麼不是婆羅米數碼文字形狀演化出來的呢？

其一，從書寫文字方面來說，中國上古有"○"（讀音：員）字字形，隋唐有"○"（讀音：星）字字形；從書寫體系符號的角度來說，中國秦漢時期出現了天文星座的占位符"○"，魏晉隋唐時期產生了"。"（句號），《律呂新書》中的"口"字出現於 1196 年，"口"字即為規範後的方形的"○"（讀音：星）字。而斐波那契的數"0"出現於 1202 年。

有觀點會認為在婆羅米時期的字母表上是有圓圈"o"形狀的字母出現的，可以被視為次大陸數"O"文字形狀的起源吧。但是實際情況就是，在婆羅米時期即西元前三世紀到西元六世紀近一千年的數字系統發展過程中，印度次大陸的數字系統是沒有數"O"這個形狀及概念的數字出現的。而此期間出現的巴克沙利手稿數字系統中所謂的零也只是一個圓點"."。

其二，印度次大陸石碑上出現的圓圈形狀符號，是占位符號還是代表數"O"的情況很難說得清楚。畢竟在其後的花拉子米所在的東阿拉伯地區一直還是使用圓點"."來代表數"O"。

其三，花拉子米對於"O"的解釋是"這個不是任何數字，它被用來告訴人們，它所在的數位是空的。"

而斐波那契《計算之書》仲介紹道："這是來自印度的九個數碼，加上阿拉伯稱為"零"的那個符號"O"，任何數字都能表示出來。"很明顯他們僅僅將"O"當成一個占位符，當作是一個符號，不能進入運算，而不是數字。

最後，印度次大陸瓜廖爾石碑中出現的小句號"。"字元並未出現在算式方程式中，且印度次大陸也並沒有統一的延續發展的如中國算籌、算盤等類似的十進位值制計算工具，甚至其文字語言也並未統一，因此，石碑中的小圓"。"符號，不能證明其與婆羅摩笈多的《婆羅摩修正體系》中的數"O"概念有延續、繼承的關係。

前文中可以看出：在斐波那契即西元 1202 年之前，包括花拉子米、瓜廖爾石碑、西方和部分次大陸地區出現的所謂的"O"均被視為定位的符號，而並沒有認為其是一個數字。

只要沒有參與直接計算過程中的字元，不論其是何形狀，都只能是定位符。

反過來就可以確定，由於中國古代政權擁有文化的統一和延續至今的算籌計算工具的背景條件，所以，無論在《九章算術》具有數"O"概念的被稱為"無"的文字之後使用的任何形狀的文字、符號進行替代的，這些文字和符號本身也就是數"O"。

而從數"0"字元的形狀來說，《燕樂半字譜》中的"o"字元號、則天文的"o"（讀音：星）、《律呂新書》中的"口"字的形狀就是數"0"形狀的直接來源，因為"o"（讀音：星）在使用時，書寫系統中會因為中國文字方塊字體形狀隸書、楷書的書寫規範要求，在正規書籍中寫成"口"字形。"口"就是方塊化的"o"（讀音：星），即為文字書寫規範體系中的"方不容圓"。

在古代刻字工藝中方形字體比圓形字體要更加省力，古人字典裏面也是以方形字分解的偏旁部首進行分類檢索。通過內切圓方式將其"方塊化"，使圓形筆劃轉變為方折筆劃、曲線轉化為直線筆劃。但這種轉化並不意味著在民間所有相關的文字都發生改變，尤其是地處帝國邊緣的絲綢之路上貿易交換的繁忙環境下，為了簡單便捷地書寫"o"（讀音：星）字，直接書寫成圓圈形狀的"o"（讀音：星），而不去改寫為方塊字形的"口"是絕對會存在的需求和行為。

在學術界中，英國著名科學史專家中國科學院外籍院士李約瑟院士經過多年的研究後得出，"0"產生於中印文化，中國首先使用的位值制促進了"0"的出現，印度、南亞等地的數字是在中國籌算和位值制的影響下，才創造了"0"。

《十萬個為什麼的》的作者趙易林先生和著名學者邵漢瑾先生都認為印度－阿拉伯數字"0"與中國漢字"〇"就是同一個文字。

但有的觀點認為"〇"是中國發明的，但數"0"卻是印度發明的。理由是在中國的文字書寫體系中，數值的表達是與位數詞同時出現的。比如：數值"3702"，在中國的文獻中書寫表達為"三千七百零二"，都含有"個、十、百、千"這樣的位數詞。而印度－阿拉伯數字系統的書寫表達形式是不需要位數詞的，數字"0"是在其中直接呈現的。

這種觀點，實際上是忽視了中國古代文獻中數目文字書寫的多種表現形式。我們大家應該瞭解，現在所能看到的中國古籍大多數是歷代官方的文獻資料，能保存流傳下來的民間文獻少之又少，彌足珍貴。但古代文獻中豎寫數值不帶位數詞的情況比比皆是，如："一九"，中間就沒有位數詞"十"，即規範性書寫方式"一十九"，表示"十九"，這個數值也可以直接讀"一、九"。這種現象在表示年齡、書頁數目時，更加突出。如同英語數字的閱讀，數字"125"，可以讀成 one hundred and twenty five，也可以念 one two five。

再者，中國古代籌算記數體系的書寫、排列方式與古代官方文獻中規範的書寫方式是不完全相同的。中國古代規範性文獻資料中數值書寫方式是跟隨行文文字豎著、從上到下書寫的，帶有位數詞；但中國籌算卻是橫著、從左到右的，籌算的書寫形式也是如此的，與現代文字書寫方式相同，不帶位數詞。這些書寫方式只是表現形式不一而已，在十進位值制的體系下，其概念內涵和字體形狀確是固定的。這表明，在古代中國，數值書寫的形式並不是唯一的。

所謂實踐出真知，中國在西元 4-5 世紀《孫子算經》闡明十進位值制的客觀實際規律之前，籌算記數系統已經實踐了近千年時間。唐朝的《立成算經》雖說比較晚地出現了籌算圖示，但這也只是其之前中國古代一千多年籌算記數體系實踐的一次形象展示而已。相對而言，西元 4-5 世紀印度次大陸地區的巴克沙利稿本也只是十進位制實踐的一種顯示。

所以藍麗容院士認為印度－阿拉伯數字系統來源於中國籌算，繼而我們認為印度－阿拉伯數字的字體形狀來源於中國古代漢字的行、草等文字書寫體系的字體形狀（包括數字"0"）。學習中國古代先進的記數方法，同時借鑒中國古代的文字書寫體系是很自然的過程。

數"0"產生於中國的背景條件總結：

①從數字的發展史上看，中國漢字數目文字體系早於印度次大陸產生；十進位記數法早於次大陸近一千三百多年；

②從十進位位值制的產生來看，中國早於印度次大陸（巴克沙利手稿就按位值制考慮）6 百年左右；

③中國負數概念的出現最少早於次大陸 7 百年；

④從"0"的功用性上來看，中國十進位值制空白字元的產生，即定位符的產生早於次大陸；

⑤從數"0"性質概念定義方面來看，中國早於次大陸五百年；

⑥次大陸的"."“Sunya”“void”"."“shunya”等文字符號從表面上看，其也有一定的連貫性，好像都帶有數"0"的基本性質。

也就是說這些文字符號都有位值制數"0"中"沒有、空位、空"的含義，但實際上它們卻是少了數"0"在自然數集中是最開始數字的定位含義。即表明次大陸在瓜廖爾石碑（含）以前對數"0"的概念定義一直還停留在位值制的原始定義之中，並沒有認識到其是一個自然數字可以參與計算過程、具有數字的特性。包括後期斐波那契即西元 1202 年之前（含）出現的"。"字元號也是如此，雖然其中也有過對其在計算過程中一些加減乘除的規則概括表述，也無非只是認為屬於特殊情況下的結果而已。

恩格斯曾說過："零是任何一個確定的量的否定，所以不是沒有內容的。相反地，零是具有非常確定的內容的。…零不只是一個非常確定的數，而且它本身比其他一切被它所限定的數都更重要，事實上，零比其他一切數都有更豐富的內容。"

而中國數"o"（讀音：零）概念的文字替換線路中的"始"，卻含有最開始的自然數的數字含義，表明中國古代從"無"字開始，已經把其看作是一個數目文字了。雖然過程中換過不同的文字進行表達，但自始至終沒有捨棄這個含義。

⑦從驗證數"0"的方法論上來看，中國的籌算就是等式方程、四則運算方程的動態演示，只要有算籌及日常的籌算運用，就相當於在定義數"0"後，任何文字字元的替代都是數"0"，只是使用的文字和形狀不一罷了；而印度次大陸在古代沒有發現類似於中國算籌的數"0"驗證系統，僅此一點就能完全否定瓜廖爾石碑上的次大陸符號是數"0"起源的觀點了；

⑧中國古代天文星圖中的星圓"o"（如：長沙馬王堆出土的西漢《五星占》帛書中"o"形圖像就是表示著"星"的符號）、古籍中的樂譜休止符"o"（747 年隋唐宮廷樂譜《燕樂半字譜》用"o"表示樂譜中的空位，相當於今天簡譜中的休止符，這絕不僅僅是一種巧合。其在功能上已經很接近位值計算時的空位）、則天文字中的"o"（讀音：星）。這些文字符號都比次大陸瓜廖爾石碑上出現的小圓圈"。"要更早。中國數學專著中的"o"圓圈形文字符號也比次大陸數學專著中的

"o"圓圈早。

⑨印度次大陸瓜廖爾石碑中的小圓圈"。"為定位符。

⑩印度次大陸瓜廖爾石碑時期，沒有相同形狀的屬於當地文化文字系統的文字即字母符號與小圓圈"。"相對應。

總體來說，中國主要就是體現在定位符號早、概念定義早、在文字書寫系統中圓圈形狀的文字"o"出現早、被運用為數目文字早、驗證方式早、圓圈形文字"o"在算數文獻（《燕樂半字譜》《律呂新書》等）中出現早等六個方面，因此嚴格意義上的數"0"只能是中國產生的，而不是婆羅門數碼文字形狀演化出來的。

當然，如果印度次大陸出現在 747 年前的文獻和古跡能證明印度次大陸的大乘佛教中的"空"是使用圓圈"o"的形狀符號文字進行表述的，圓圈"o"形狀的文字符號又參與了四則運算，並且具有其是第一個自然數的含義，那麼才有可能證實數"0"的形狀是明確無誤地由印度次大陸地區率先發明的，否則就是不經之語、無稽之談。

我們從圖 6-3《印度—阿拉伯數字字體形狀的表達》中可以看到，數"0"在近代以前的手稿中的形狀皆為圓圈形的"o"（讀音：零）。自然界最容易發現的幾何圖形，人們最熟悉的圖形就是圓形，代表物就是月亮、太陽，那何必又變為橢圓呢？而且還是豎立的橢圓。實際上瘦身豎立的"0"也與中國分不開。"O"瘦身為豎立的橢圓形（即扁圓）極有可能是需要與歐洲拉丁文字母"O"（讀音'歐'）進行區別開來而導致的，因為阿拉伯人在推介此數碼時的原稿中出現的"0"，都為正圓形。

因此，圓圈"O"的變身原因之一是圓圈"O"（讀音：星）需要與羅馬字母"O"、英文字母"O"等進行區分，於是進行了瘦身；其二是由中國數字"o"（讀音：星）、"口"的草書字體演變而來。大概的演變形式如下（參見圖 6-29）：

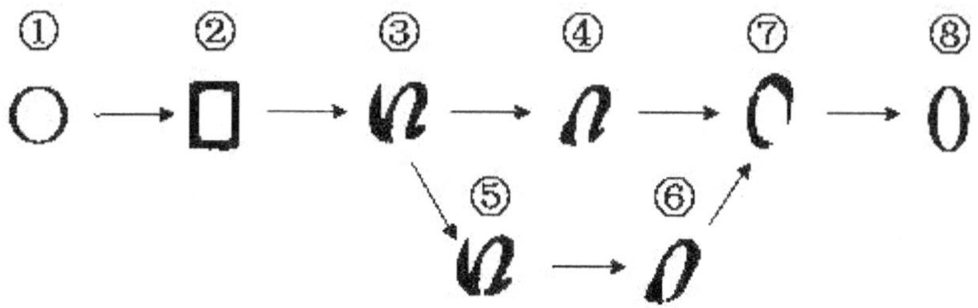

圖 6-29 中國"○"與"口"字的演變；（字體形狀來源於徐伯清的草書， 字體形狀來源於王寵的草書）

中國數"0"的概念發展與中國圓圈形文字符號"○"在算術、天文學和音樂中的應用三個方向在唐朝時期產生了交融，以"口"字形狀和"○"（讀音：星）表示數"0"是自然而然的事情。

從數"0"本身的發展過程來看，其經歷了"空白""沒有"的定義階段→"定位符號"階段→數"0"的數字屬性定義階段（元始數、加減運算規則）→數"0"的符號形狀階段。

因此，中國則天文字中出現的"○"形狀的文字，比瓜廖爾石碑上出現的圓圈形符號"○"小句號時間要早；此"○"圓圈形狀的文字含有近代數"0"占位符，是"無""開始的自然數"的定義；同時，此"○"圓圈形狀文字的數"0"定義與中國其他表示數"0"的文字中的含義具有一定的連續性（比如"沒有"、數的"開始"的含義）；並且此"○"圓圈形狀的文字是能夠放入籌算進行四則運算進行驗證的。

如果數"0"是婆羅米數碼符號形狀演化出來的而不是中國，這就像足球領域頂級豪門巴薩時期，在擁有眾多國際巨星，面對中國幼稚園足球隊、全場控球、射門等數據獲得絕對優勢的情況下，反而被裁判裁決敗給中國兒童球隊一樣，令人感覺不可思議。或者簡單點說，一場由拳王對陣幼稚園學童的拳擊比賽（無其他限制條件），在拳王沒有任何懸念擊敗學童的狀況下，卻被裁判裁決幼稚園學童獲勝。這種情況幾乎是毫無可能的。但是在給十進位值制數字系統命名的時候這種毫無可能的情況卻發生了。這是一件讓人覺得匪夷所思的事情和問題。

綜上所述，數字"0"的字體形狀，用一句話來表述就是：其是由中國古代表示星座位值的占位符、占蔔中的數字占位符、則天文字"〇"（讀音：星）、音律中的空位符等文字"〇"（讀音：星）演變而來的，並在唐代與代表數"0"的概念：即有"無""開始"含義的其他文字相融合，且結合其在等式、方程計算中獨特的數字屬性，即""0"加正得正，"0"加負得負。"等因素，從而形成了真正意義上的古代數"〇"（讀音：零）、即印度－阿拉伯數字體系推薦給西方的"〇"（讀音：零）。

其結論就是，印度－阿拉伯數字系統中近現代數"0"的概念、數字特性和文字形狀都是起源於古代的中國。

至此，掃清迷霧、清本正源、揭示真相，我們知道了無論是從數"0"產生的背景條件來說，還是概念定義、文字的演變替換、數目字碼的形狀、驗證的方式等等任何方面來說，中國則天文字中的"o"（讀音：星）即為現代數"0"的原始數字形狀的起源，這一點應該沒有任何可以疑慮的，數"0"的來源線路已清晰地說明其發源地在且只能在古代時期的中國。

那麼，數"0"的中國來源我們就講到這裏，從中我們可以看出，任何一個文字符號的來源都是有其背後的複雜條件、邏輯規律和歷史原因的，數"0"是這樣，其他數字數碼形狀的發展和演變也必然是這樣的。

（二）數字"1"：

首先，我們還是來看看印度－阿拉伯數字體系的字元在傳播過程中不同時期的各種形狀圖片。那為什麼不以印刷版本的字形為主呢？因為我們必須還原出當時歷史條件下的手抄本字體形狀，才能找到歷史正確的演化過程及答案。而印刷版本的字體形狀是規範後的字形，中間的演變環節容易被忽略掉。越接近原始版本的手抄體字形，越是能反映或還原出其字碼形狀的客觀演變過程。所以我們在印度－阿拉伯數字系統數碼形狀樣本的選擇上，會儘量標明其出處，找到與其發展過程相關事件的文獻照片和正規的大學與教授們使用過的數碼形狀圖片來參考品評，力爭做到實事求是地真實地還原其演化過程。

在全世界最早的數字符號書寫系統中，有且只有中國古代籌算書寫系統中的"一"是可以橫著寫，同時又可以豎著寫成"1"的。而世界其他地區不同時期出現的橫"一"和豎"1"的寫法，毫無疑問是在引進中國數字書寫系統時並不全面掌握此系統的表達方式而片段、殘缺地繼承了部分表達形式而造成的現象。

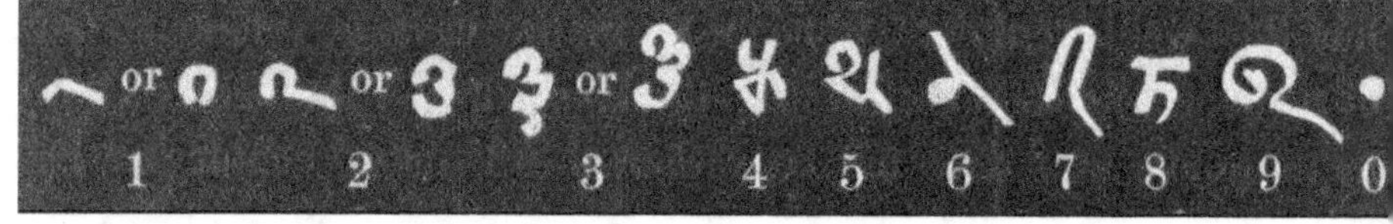

圖 6-4 巴克沙利手稿中的數字形狀

從上圖中（參見圖 6-4）我們可以看到印度次大陸在西元 4 世紀左右的巴克沙利手稿時期的"一"都是橫著寫的，而在圖 6-3《印度－阿拉伯數字字體形狀的表達》的數字中，"一"同樣也是橫著寫的。我們只

需要把文本豎起來看就能充分展示出來了，如下圖中的"一"　東阿

東阿拉伯十世紀

拉伯十世紀數字，西元 1340 年的數字中的"一"，它們無疑就是中國古代竹簡簡牘書籍中文字"一"，進行豎列立式垂直形式排列的寫法。

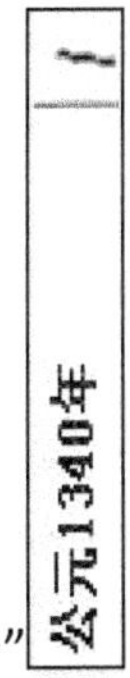

雖然印度次大陸西元前的"佉盧文"數字中有豎立"1"的書寫方式，但是其時期 1 到 9 的數字還沒有出現完整的表達形式，總共只有 7 個數字，且其出現的時間晚於中國籌算的出現時間，又由於中國與印度次大陸自古的文化交流現象的存在，因此印度次大陸佉盧文的數字豎"1"的寫法，必定源於中國。其整體並未形成完整的體系，即無完整的十進位值制數字系統的邏輯，也沒有傳播的可能性。這就像當今世界都使用健全完整的十進位值制的印度－阿拉伯數字，而不使用煩瑣複雜的羅馬數字系統進行傳播的道理一樣，不具備傳播的前提條件。

因此，無論印度－阿拉伯數字形狀中的"1"是豎寫還是橫寫，其形狀來源都為中國的數字書寫系統演變而來的。

（三）數字"2"

1、我們先看看圖 6-3《印度—阿拉伯數字字體形狀的表達》中印度次大陸 450 年前的寫法，這兩種寫法都與中國古代籌算中的寫法完全一樣，而且中國古代在春秋時期"二"的橫、豎寫法是同時存在的。1954 年考古學家在湖南長沙左家公山出土戰國時代古墓，內藏竹制算籌 40 根，每根長 12 釐米。1983 年在湖北荊州張家山 247 號漢墓（西元前 187—157 年）中出土了中國最早的數學著作《算數書》。經考證約成書於西元前二世紀或更早時間。同墓出土的一捆算籌，是中國古代的計算工具。個位用縱式，十位用橫式，百位再用縱式，縱橫相間，以此類推進行表示任意自然數。進行籌算運作時遵循十進位值制計數法，即"逢十進一"。這種計數方法與現今的計數法在實質上完全一樣。老子《道德經》第二十七章說："善數不用籌策"。這說明中國古代算籌最晚在春秋時期已經普遍使用了。

2、中國發現最早的豎"Ⅱ"和橫"二"出現在仰紹文化西元前 5000 年—前 3000 年（距今 7000 年—5000 年）及年代稍晚的馬家窯文化遺址中的陶器上，如下圖（參見圖 6-30）：

圖 6-30 中國遠古時期出現的數目文字；圖片引自：馮天瑜《漢字文化圈及中華元素》，來源：《中國文化生成史》2013.12.1

，其中有丨（1）、‖（2）、∧（6）、十（七）等形狀數字。而後的甲骨文、金文和籌算系統繼承和發展了這類數字符號的寫法，而這些都早於印度次大陸相同數字字形的最早出現時間。

3、我們再來看看圖 6-3《印度－阿拉伯數字字體形狀的表達》中十世紀的東西阿拉伯數字中的"2"，如圖 ；還有 976 年西班牙維希拉努斯抄本數字"2"，如圖 ；我們再放一張中國古代名人王羲之的草書"二"比較一下，如圖 ，這種相似度應該為 100%了吧。而大家都知道草書字體因人而異，百人各不相同，那麼在繁忙的商業買賣交易中出現高相似的字體形狀是非常自然的事情，這是不需要尋找什麼證據就能證明的事情。而這些皆因古代的商業環境一筆成字，快捷方便的要求而形成的。因此，數字"2"的字體形狀出自於中國也是件自然的事情。

4、演化過程：

(1)橫"二"→"二"；

(2)豎"‖"→"‖"；

(3)婆羅米時期之後的"2"：徐渭的中文漢字草書二，如圖 →"2"。

（四）數字 "3"

1、數字 "3" 的情況與數字 "1" "2" 的情況差不多。中國發現最早的豎 "川" 和橫 "三" 都是在仰紹文化及稍晚的馬家窯遺址中的陶器上。

2、數字 "3" 的字體形狀變化也是在印度－阿拉伯數字系統的傳播過程中經過演變而來的。我們看看圖 6-3《印度－阿拉伯數字字體形狀的表達》東阿拉伯數字十世紀中的 "3" 字和《維希拉努斯抄本》中的數字 "3" 如圖　、　，然後我們再看看中國草書字體中 "三" 的書寫形狀，如王羲之的草書體 "　"、薛紹彭的草書體 "　"、虞世南的草書體 "　"、王珣的草書體 "　" 圖，這四個 "三" 字雖然表面上看起來都有些不一樣，但它們卻是真正的草書 "三" 的連筆字體。其中薛紹彭、王珣的 "三" 字與《維希拉努斯抄本》中的 "3" 字相似度近 100%。我們再把《維希拉努斯抄本》中的 "3" 與圖 6-3《印度－阿拉伯數字字體形狀的表達》東阿拉伯數字十世紀中的 "3" 的字體都旋轉一下作個對比，如 圖　、　，結論就是它們本來就是同一個文字。

最後，我們再來看看同一個人寫的不同的 "三" 字形狀，如下： "　" "　" "　" "　" "　"，它們都是中華人民共和國開創者毛澤東主席的親筆墨寶。同一個 "三" 字，卻出現不同的草書寫法和字體形狀，充分展現了草書字體千人千樣的書寫特徵。

3、演化過程：

(1)橫 "三" → "二"；

(2)豎 "川" → "川"；

(3)婆羅米時期之後的 "3"： "三" → "漢字草書　" → "3"。

（五）<u>數字"1""2""3"小結：</u>

有觀點可能會認為印度次大陸婆羅米時期的"1""2""3"與中國的數字"一""二""三"的字體形狀相同可能純粹只是一種巧合，而我們的這個看法完全排除了印度次大陸單獨發展、創造出這三個與中國數字字體形狀完全相同的文字的可能性，顛覆了阿拉伯數字起源於印度的主流認識。那麼我們綜合起來提出以下問題，請大家思考。

1. 從時間維度上來說，中國古代出現"一""二""三"文字文義及字形的時間自西元8千-9千年前的陶文刻符到3千-4千年的甲骨文、金文一直到如今的字體形狀幾乎毫無改變，且一直沿用至今。從現有出現的考古資料上來說，要比印度次大陸早幾千年之久。半坡時代（西元前4000年）陝西薑寨文化陶器上也有數目文字符號，因此，中國在西元前四千年至少掌握了三十以內的自然數。

2. 從空間維度上來說，古代中國與印度次大陸之間一直存在著文化經濟與生活的交流。

中國古代與印度次大陸的文化交流主要有三條路線：

（1）北方絲綢之路，也稱"沙漠絲綢之路"。主要交流活動代表事件為漢武帝時期張騫出使西域之旅，時間為西元前138年左右；是自漢代以後東西方重要的文化商旅交流通道。

（2）南方絲綢之路，也稱"川藏道""犛牛道""茶馬古道"，經青藏高原拉薩由尼泊爾進入印度次大陸。主要交流活動代表事件為唐初王玄策一人滅義國的歷史史實，時間為西元647年；開通時間為西漢之前。交換物品主要為"犛牛""茶葉""銅鐵器""蜀布""邛竹仗"，起點為四川"成都""邛崍"。

（3）第三條路線為海上絲綢之路。主要活動代表事件為鄭和七下西洋。

其中第一條西北絲綢之路為西漢時期正式開設，為主要的貿易通道。大家可以看到圖 6-3《印度－阿拉伯數字字體形狀的表達》中印度次大陸完整的數字體系是在西元 100 年左右形成的。此時統管印度次大陸區域的國家為貴霜帝國，而貴霜帝國卻是從中國西部遷徙過去的大月氏人，由此帶去中國古代文化數字系統順理成章極其自然。

唐朝貞觀之治到開元盛世之間，古印度次大陸各國來華朝貢現象十分普遍。南天竺建個軍隊都要向唐王朝討個名號"懷德軍"，建個寺廟都要乞敕名稱為"歸化寺"。中天竺來朝國王還被授以遊擊將軍。唐高宗幹封元年作《西國志》，並設立西域區劃。印度次大陸古代難免不會受到古代中國的文化影響。包括印度次大陸早期出現的佉盧文文字（即驢唇文），也有中國西部文化的痕跡，比如"於闐國""鄯善國"等。

3．從傳播問題上來說，越簡單的事物、文語越方便記憶，越容易傳播，比如朗朗上口的成語、詩詞、文曲、諺語、歌曲等等，比長篇的論文之間的傳播更為廣泛深遠，這是常識。在沒有書籍參考，也沒有老師言傳身教的古代，按圖索驥、依葫蘆畫瓢、照貓畫虎，甚至是郢書燕說的傳播方式，越是簡單地傳播越方便。因此，中國古代的數字書寫體系中最簡單的"一""二""三"相較於印度－阿拉伯數字系統中其他數字最早出現於印度次大陸就是順理成章的事情了。

4．從書寫方式上來說"一""二""三"的字形演變是受到中國古代"豎列垂直形式"與次大陸、阿拉伯"橫行水準形式"的書寫方式分不開的。這也與中國古代的勞動生活的方式有著緊密的聯繫。

中國古代的工作生活中都有橫向長案作為書桌、案幾使用的情況，當人們手持文章書畫卷軸進行展閱、書寫時，左右手橫向展開的長度幾乎與身體等長；而向前展示時，卷軸展開的整體長度不會超過人體單臂的長度。因此卷軸、簡牘橫向鋪開、閱讀和書寫，就能最大幅度、方便地使整篇文字文章呈現在人們眼前。

如採用縱向串聯簡牘橫向寫字的書寫方式或者閱讀，長串的簡牘就會掉落到案幾的下方，從而離開人們的視線，書寫中未幹的墨汁也會脫離字體流淌而下破壞文字結構和美觀，不方便整體的書寫和閱讀。

而由於生活習慣、閱讀和書寫方式的不同，導致在翻譯和傳播過程中出現錯誤和偏差也是在所難免的。

5．中文的數目文字"二""三"演化為印度－阿拉伯數字"2""3"，離不開絲綢之路的傳播途徑；離不開西域繁華的通商環境；離不開各具風貌的交易場景；離不開傳播中的說者無心聽者有意交流情景，離不開中國古代獨樹一幟一筆成字的行書草書書寫風格。印度－阿拉伯數字筆劃簡單，書寫方便的特徵與中國草書行書的書寫風格如出一轍。由於交易頻繁，交流快速的需求，由中國草書行書演化為印度－阿拉伯的數字形狀成為必然。

6．印度次大陸婆羅米時期的文字體系書寫規範的字母表範疇中完全沒有"一""二""三"這三個文字形狀的字母，也即表示這三個文字不屬於婆羅米文字體系系統，其來源於外域文字體系。而周邊與其有密切交往的鄰國，有這三個文字形狀的文字體系只有中國，所以這絕對不是一種巧合。

數字"1""2""3"的

傳播階段↗①"一、二、三"婆羅米時期；

↘②"١ ٢ ٣"中世紀阿拉伯傳播時期

從"1""2""3"的演化過程來看，已經證實了阿拉伯數字起源於中國，加上數"0"以後更能證實這一點。

"1"是正整數的起點，"0"是自然數的開始；"1"代表著有，"0"代表著無。老子說"有生於無"，即無生有、有生萬物；"無"是前提，"有"是結果。只要是由前期孕育準備的"無"和存在的結果"1"的組合，就能構成世界萬物。這一點想想萊布尼茨的二進位就能夠明白了，由"0"和"1"組成了現代電腦的運算基礎。萊布尼茨對中國的崇拜，促使其想加入中國國籍，卻被撰寫過《三角形論》書籍的康熙拒之門外。

從老子的話中我們可以理解為："1""2""3"之後就是萬物，什麼"4、5、6、7、8、9…."都是萬物，不論其字形如何變化、改變，都無法否定"0""1、2、3"是其起源。老子說這話的時候，阿育王時代的婆羅米數字還沒誕生，綜合而言印度－阿拉伯數字的發展，包括字體形狀就是從中國的"0""一、二、三"開始的。

中國數目文字"一""二""三"的字體形狀早於一模一樣的出現於印度次大陸婆羅米時期的數字，但同時期印度次大陸沒有相同字形的文字體系的字母，而印度次大陸自古以來的文字書寫系統都為表音文字，這就意味著其文字必須由其固定的字母體系所構成。因此，出現於印度次大陸地區的沒有由當地文化字母所構成的數字"一""二""三"就必定不屬於其文字符號系統，其來源只能是古代的中國。

而印度次大陸早期豎立形狀的"一""二""三"數字數碼的字體形狀，也躲不過中國古代籌算書寫系統數字的字體形狀影響。（參見圖6-1、參見圖6-6）

		0	1	2	3	4	5	6	7	8	9
小写	商周时期	○	一	二	三	四	五	六	七	八	九
大写	商周时期	零	壹	贰	叁	肆	伍	陆	柒	捌	玖
筹算	最迟春秋时期	空	│	││	│││	││││	│││││	丅	丅丅	丅丅丅	丅丅丅丅
		空	—	═	≡	≣	≣	⊥	⊥	⊥	⊥

圖 6-1　中國數目文字書寫形式

数字	1	2	3	4	5	6	7	8	9	10	20	30	40	50	60	70	80	90	100	200	300
阿育王时代（佉卢文字） Aśoka (Kharoṣṭhī)	│	││	│││	││││																	
刹卡王时代（公元前1世纪） Śaka (1st cent.B.C.)	│	││	│││	X	IX	IIX	XX			7	3			777	333				刂刂	刂刂刂	
阿育王时代（婆罗米文字） Aśoka (Brāhmī)	│	││		+		6								C					Ϗ		
娜体文字（那那嘎塔砖刻） Nāgari (Nānā Ghāṭ)	—	═	≡	Ⴤ		Ϥ	⊃		ʔ	∝	O				⊣				Ϟ	Ϟ	
纳西克城（公元前1世纪） Nāsik (1st cent.B.C.)	—	═	≡	Ⴤ	Ͱ	Ϥ	⊃	Ⴤ	ʔ	∝	⊙			Z					ϒ	ϒ	ϒ
库奥特拉帕朝硬币（公元200年） Kṣatrapa coins (A.D.200)	—	═	≡	Ⴤ	Ⴌ	Ϥ	⊃	3	3	∝	⊙	J	X	J	ϟ	Z	⊕	⊕	3	3	
库散纳砖文（公元150年左右） Kuṣāna insc.(A.D. 150)	—	═	≡	Ⴤ	F	e	⊃	5	ʔ	∝	⊙	√	Ⴤ	6			X	ϑ	⊕		
笈多砖文（公元400年左右） Gupta insc. (A.D. 400)	—	═	≡	Ⴤ	Ⴥ	Ϥ	Ⴤ	3	3	∝	⊙	√				ϟ	Ⴤ	ϑ		Ⴤ	

與此類似的中文及中國文化被現代科學所借用的現象可能還有中文數字'十'與加號'十'、正號'十'；數字'一'與減號'一'、負數'一'；圓圈'○'方形異體字的草書"〇"與最後一個羅馬字母'Ω'（也稱為大"0"）；草書的'〇'與無窮'∞'；圍棋棋盤中的'天元'橫豎中線與笛卡爾座標中的'原點'XY 軸等等。

這些相同，我們推測可能不會僅僅只是一種偶然，其背後是否有所關聯還需要有識之士不斷尋找證據進行深入的調查研究才會得出結論，但畢竟這些數學成就誕生的大背景是當時的歐洲對中華文明的頂禮崇拜（如啟蒙運動時期的伏爾泰）。

當然，這是題外話了，我們就不深入討論了。

老子在《道德經》中說道："天下萬物生於有，有生於無"，"道生一，一生二，二生三，三生萬物"。從中我們可以領悟到：萬物生於一、二、三，（一、二、三）為有，而有生於無。即數字有了"○""一""二""三"任何數字進位制體系都能建立起來，比如二進位、十進位值制、十二進位制、六十進位制等等等等。

藍麗容院士說"我同意現在印度－阿拉伯數字系統的九個符號是起源於印度婆羅門數字系統的頭九個數字"，所以就稱其為印度－阿拉伯數字系統。但現在我們已經證實了其頭幾個數字"1、2、3"是起源於中國（包括數字"0"），所以單從這個意義上來說，印度－阿拉伯數字系統的字體形狀就是起源於中國，其他的數字數碼只是老子所說的"萬物"而已。

那麼到此，我們說印度－阿拉伯數字形狀起源於中國就是雷打不動的鐵打的事實。

既然我們現在已經明確了印度－阿拉伯數字系統來源於中國籌算、十進位值制來源於中國，印度－阿拉伯數字"1""2""3"的文字形狀來源於中國文字，甚至是數"0"的定義和形狀也是來源於中國，那麼我們還應該稱其為"東方數字""阿拉伯數字""印度－阿拉伯數字"嗎？

哪怕是"4到9"這六個數字的字體形狀最後都證實是來源於印度次大陸文字規範的範疇，其都不可能否定整個印度－阿拉伯數字字體形狀起源於中國的重要事實。更何況從文化規範上來看，這是完全不存在的情況，這點我們在前文進行過詳細的論述。

結合前文論述，在尊重事實的前提下，按照藍院士依據婆羅門（印度次大陸）頭幾個數字的字體形狀來確定十進位值數系名稱為印阿數系的方法邏輯，在我們現在已經確認了此十進位值制數系頭幾個數字的來源實際是中國的情況下，那麼我們只能將其稱為起源於中國的印度－阿拉伯數字系統，簡而言之就是"中國數字"。

基於中國十進位值制的印度－阿拉伯數字系統，在證明了其"〇""一""二""三"的數碼形狀來源於中國古代的前提條件加持下，結合前文所有證據和線索都證明其全部數字體系的數碼形狀均起源於古代的中國，即阿拉伯數字系統字體起源於中國。

婆羅米時代從阿育王到笈多王朝，這三個數目文字在沒有本國字母表同形狀字母、同時在引進我國十進位值制計數方法的基礎下，在中國漢語數目文字早於印度次大陸地區數目文字出現的前提下、在與我國有著長期文化物質交流的背景下，其書寫的形狀與我國形狀完全一模一樣、毫無任何區別，即文字含義及文字字形（字義字形）都相同，就已經完整證明其書寫體系來源於中國了。

而在婆羅米時代之後，由於我國的文字書寫系統的變化，如行書、草書的書寫方式，尤其以絲綢之路頻繁交流背景下，整個體系出現了較大的字體形狀結構的轉變。

印度阿拉伯數字系統的字體形狀，是一個以中文漢語數字各種字體為標準範本藍本，在歷史的不同時期及階段，通過不同管道和路徑，不斷進行手抄臨摹、模仿、複製、傳播、擴散的演變結果。

依據這種按照中國漢語文字字體形狀為標準的轉變而逐步改變的演化

形式，我們就厘清了破解該體系的演變過程思路。整個印度－阿拉伯數字體系的其他數目文字形狀也必定是按這種基本框架進行演化的，我們順著這種方式繼續分享對其他數目文字的字體形狀進行的剖析，驗證其也是來源於中國的。

接下來我們將繼續探討剩餘的印度－阿拉伯數字的形狀來源於中國的相關問題。

（六）數字"4"

最主要的就是因為印度－阿拉伯數字系統"1、2、3"在婆羅米時期的字體形狀及其演進流程與中文漢語數目文字"一""二""三"的字體形狀及演化都幾乎完全相同且在時間上落後於中國，所以我們認為印度－阿拉伯數字體系中的"1、2、3"起源於中國。

那麼，數字"4"的數字形狀演化過程也會是這樣的嗎？

這裏，我們拿一個文字出來請大家認一認，看看是個什麼字吧。

" "（圖片字體形狀來源於吳昌碩的草書"四"" "字），還有人把其寫成" "這樣，很多人會說這不就是阿拉伯數字"4"的中國連筆草書寫法嗎？大家平時手書連筆"4"字幾乎都是這樣寫的。是的，我們認為大家這樣的理解是正確的，是對的。但，要是我們說這個字是中國自己的文字，而且就是中國的數目文字"四"的一種書寫方式，大家相信嗎？

好吧，下麵我們就來說說印度－阿拉伯數字"4"來源於中國的問題。

1、數字"4"的印度-阿拉伯系形狀的形成，要從印度－阿拉伯數字系統的整體傳播時期背景來考慮。從圖 6-3《印度－阿拉伯數字字體形狀的表達》中看西元 100 年以前的印度次大陸的數字"4"並未完全形成所謂的數字書寫系統。而西元 100 年後的數字書寫系統可以與巴克沙利手稿中的數字"4"作比較，如圖 ，西元 100 年至西班牙數字（976 年）《維希拉努斯抄本》中除東阿拉伯數字十世紀和西元 950 年之外的數字"4"都可視為巴克沙利手稿"4"的變體。

在圖 6-3 中，我們把維希拉努斯抄本西班牙 976 年以前，除東阿拉伯十世紀和西元 950 年之外的所有數字"4"全部逆時針 90°旋轉；而西阿拉伯十世紀與西元 510 年的數字"4"旋轉 180°，上下顛倒過來，它們與巴克沙利手稿中的"4"的相同性就能顯示出來了。如圖 ，它們基本上都是由巴克沙利手稿中的"四"減少了筆劃而演變出來的。有的缺失了字形左邊的筆劃，如圖 、有的缺失了字形的右上部筆劃， ；有的

既缺失左邊，同時又缺失右部的筆劃

（圖形符號）。其中婆羅摩笈多西元 300 年至 450 年中的數字"4"特別明顯地能看出來右下部的缺失是因為連寫筆劃中的斷筆形成的（圖形符號）。

那麼這種斷筆是因為什麼造成的呢？是墨水不夠，不能連貫書寫，即連貫書寫時黑色的痕跡因筆墨流暢問題導致中間斷開筆劃？或者是因為在筆劃軌跡中有沙碩等其他阻礙筆墨著色而導致的壁畫斷開？我們暫時無法獲知。但其筆劃的斷開時非常明確的。因此在古代書寫條件、環境硬體等惡劣的條件下的手抄版本的文字流傳傳播過程中，其筆劃的減損是非常自然的事情。

2、我們再來看看中國古代漢語數字"四"的草書形狀是怎樣的，如下列圖片王寵的草書體"（圖形符號）"、於右任的草書字體"（圖形符號）"、陳文東的草書字體"（圖形符號）"，這些都是中文"四"字草書的字體形狀。我們可以看到，這些整個的"四"字都省略掉了文字最下方一橫的筆劃，變為只有四個筆劃了並且王義之正楷的"四"字是直接省略了下麵一橫的，如圖："（圖形符號）"。當我們在經商買賣環境中快速交易交流的需要，使用一筆成字的迅捷書寫方式來書寫下部沒有一橫的"（圖形符號）"字時，我們會很自然而然地變方為圓，寫成（圖形符號），甚至是"（圖形符號）"。那麼右上角多出來的一撮是怎麼來的呢？這是因為在草書過程中快速運筆的時候到了筆劃的最後一處是收尾收不住冒出來的；還有可能是在收尾時筆端的墨水快沒了，筆劃體現不出來，為了使筆跡著墨清晰而用力收尾，筆劃尾部出現了掃帚尾，比如這個毛筆"0"字，如圖 （圖形符號），使用兩個筆劃的收尾情況。而接收到這個字形資訊的人並不真正瞭解"四"字的寫法，於是把這個多出字體框架的掃尾筆劃當成正常筆劃使然，從而寫成了巴克沙利手稿中的"（圖形符號）"了，然後一步一步手抄傳承。而巴克沙利手稿中的"（圖形符號）"與漢字書寫系統中無底邊的草書"（圖形符號）"字體形狀，在字形的主體結構上幾乎分毫無差，沒有任何區別。因而印度次大陸此類數字"4"的字體形狀，從字源來說，其來自於中國古代無底邊漢字"（圖形符號）"一筆成字的草書字體寫法是確鑿無疑的。

3、東阿拉伯（十世紀）中的數字形狀　　，德國數字（1385 年）中的數字　，法國數字（1482 年）中的數字　，是由中國古代漢語草書"四"中一筆成字的字體形狀演變而來的。如圖王寵的草書字體

" 　　"，吳昌碩的草書字體" 　"，其中與近代印度－阿拉伯數字

"4"的形狀最為接近的是" 　"字，其上方超出來的一部分筆劃即可

視為掃帚尾。把字形整體按 180°進行旋轉，反過來看" 　"，就是一個標準的印度－阿拉伯數字"4"的字體形狀。

4、東阿拉伯（十世紀）中的另外一個數字"4"的形狀，如圖　，同樣也是由中國古代一筆成字的另一種草書寫法"四"字演變而來的。我們使其逆時針旋轉 90°，他就是這樣的"　"，其最初的寫法可以參考米芾草書字體"四"中的濃墨主體部分，如圖" 　"。

5、因此，印度－阿拉伯數字系統中的數字"4"字體形狀的演化形式是由三個方向演變而來的，但其來源只有一個，即中國古代的草書體數字"四"，其演化過程路徑如下：

(1)"四"→"　"→"　"→"　"

(2)"四"→"　"→"　"→"　"→"　"→"4"

(3)"四"→"　"→"　"

（七）數字"5"

現代印度－阿拉伯數字"5"從演化過程來說應該也是比較簡單一點的，可以比較直觀地看到其演化過程基本上是由三條線路進行的。

在判別印度－阿拉伯數字"5"的演化過程中，我們找尋到了一份來自於十世紀波斯數學家伊本•拉班《印度算術原理》中的印度－阿拉伯數字樣本（參見圖 6-31）。

۰ ۱ ۲ ۳ ۴ ۵ ۶ ۷ ۸ ۹

圖 6-31 伊本•拉班《印度算術原理》中的印度－阿拉伯數字樣本

經過與圖 6-3 的對比，我們發現除了圖 6-3 中"東阿拉伯十世紀"數字"5"是小型"◦"圓圈的字體形狀外其他字體形狀基本相同，而且時間上兩組數字也比較吻合，因此我們判斷圖 6-3 中"東阿拉伯十世紀"數字組就是伊本•拉班《印度算術原理》中的印度－阿拉伯數字字體，兩組數字是同一組數字。而圖 6-3 中"東阿拉伯十世紀" "◦"圓圈形字體的數字"5"應該是伊本•拉班數字中應用硬筆書法將粗壯的使用毛筆書寫的"心"形數字"5"即"◊"縮小細化後產生的誤解字形，其中字體內轉、折的筆劃特徵已完全弱化甚至消失，只剩下圓圈形的大致輪廓了。

1、我們繼續來看看數字"5"的演化歷程，其就是中文漢字的草書寫法。

首先，我們從公開的資料中找出幾個其他印度－阿拉伯數字組中的"五"字字體符號。其中圖 6-3《印度－阿拉伯數字字體形狀的表達》中

例①　婆羅門石碑西元 100 年""；
例②庫夏特拉帕西元 200 年的數字""；

例③婆羅摩笈多西元 300 年至 450 年的數字""；

例④東阿拉伯十世紀的""。

例⑤西元 1340 年的""

這些字體形狀都是由中文一筆成字的數字"五"轉化而來。它們的字體形狀尤其是西元 300 至 450 年的數字"五"的形狀，幾乎就完全沒有脫離漢字"五"的主體結構。其筆劃順序為：起筆一橫、第二筆向左下方一撇、不斷開筆劃從左朝上方順時針由左向右畫出半圓弧形、緊接著向下走筆、然後向右一橫、收尾提筆帶了一點上鉤。而有的文獻資料中記載的同樣的時間和字體形狀卻根本沒有最後這一向上鉤的筆劃。

除了最後收筆的上鉤，其他筆劃的運筆走勢和形狀與中國數字"五"一筆成字的連筆寫法一模一樣。如趙之謙的草書字體"五"、王世貞的草書字體"五"、唐太宗的草書字體"五"等等。

2、這種一筆成字的草書同樣演化出了上文例①②④⑤的數字"5"的字體形狀，如例④東阿拉伯十世紀的"ß"，這時期的資料有的會書寫成天城文（即鐵板文數字）形狀的"ひ"，還有伊本•拉班《印度算術原理》中記錄成心形字體的印度—阿拉伯數字"5"的形狀，如"♡"，其演化過程如下："五"→"五"→"五"→"♡"→"ß"→"ß"。無非也就是一筆成字的"五"。將趙之謙的草書"五"；文征明的草書"五"；解縉的草書"五"和唐太宗的草書"五"字體，把上下的橫筆向左進行了加長，去掉了最下方的橫筆向右的運筆筆劃，然後順時針旋轉了字體而來。

而例①和例②的數字形狀，當我們把其順時針旋轉一下，如圖：

"フ""ゝ"，可以發現其字體形狀與例⑤"ω"的形狀幾乎如出一轍，放大後可以看到其字體中部的連接筆劃應有弧形結構的變化，整體形狀如同數字"3"一樣的字形，而不是直的。實際上應為漢字連筆草書"五"的中間部分，如例⑤"ω"的逆時針旋轉 90° 中間連接部分一樣，如圖"3"，只不過是因為字體太小、連筆太快，字體上方的一橫與右下轉的筆劃重疊在一起，讓人難以分辨而已。這與前文論證的圖 6-3 中"東阿拉伯十世紀""°"圓圈形字體的數字"5"就是伊本•拉班數字"♡"縮小細化後產生的誤解字形的原因應該是完全一致，是古代手工書寫抄錄過程中把毛筆草書字體更改為硬筆字體所產生的，如同上面四個草書字體"丂""五""丂""五"中間的數字"3"的形狀，最後連中間的圓圈形空白都覆蓋沒有了，這是一件很正常的事情。

在以上舉例出來的字體形狀中，我們可以發覺漢字草書"丂"中的主體"3"字結構，即草書"五"字的中上部字體形狀"丂"與例①②④⑤中的主體結構幾乎完全一樣。

在古代書寫條件極差，學習、手抄易錯的背景下，又由於不同文化之間的文字書寫習慣與方式的不同，加上文字交流去繁就簡的趨勢下，減少筆劃數量，延長或減少筆劃的長度都是非常合理的現象，只要文字的主體結構未發生顛覆性的改變，其變化演化的趨勢還是有跡可循的。

可以看到中文漢字草書行書"丂"中含"3"字形的主體結構，是印度─阿拉伯數字"5"的主要演化結構，雖說是案例③中的"兂"好像是缺乏"3"字形的主體結構，但我們前面分析過，其整體文字形狀的其他主體部分與中文漢字草書"五"等文字形狀更為相似，依然擺脫不了從中文漢字草書體數目文字演化而來的境況。

3、而其他的倒"h"字體形狀的印度─阿拉伯數字"5"，無非就是文征明的草書"丂"去掉了下麵的一橫，再旋轉180°而已，即"ʮ"，在這裏我們就不再一一贅述了。

從以上第1點和第2點的兩條演化線路來看，其筆劃無論怎樣增減，字體的主體都未脫離一筆成字的草書漢字"五"的主體結構，因此，我們就能夠判斷出印度─阿拉伯數字體系中"5"的字體形狀是來源於中國草書字體"五"了。

4、演化過程：

(1)"五"→"五"→"兂"

(2)"五"→"丂"→"ᒧ"→"◠"→"ß"→"ß"→"ɕ"

(3)"五"→"丂"→"ᒧ"→"ʮ"→"4"

（八）數字"6"

印度－阿拉伯數字系統中的數字"6"的形狀，可能會給大多數人一個絕對與中文漢字數碼形狀不會同源的深刻觀念印象，畢竟其弧線形帶圓圈的字體形狀與中文漢字四平八穩的四方方塊字形完全格格不入，好像沒有任何關聯。這種想法從表面上看確實有些道理，但是我們通過對印度－阿拉伯數字系統在各種資料文獻中數碼"6"的形狀進行細緻地比較後，仍然找出了其從中文漢字演變為印度－阿拉伯數字的脈絡。

在圖 6-3《印度－阿拉伯數字字體形狀的表達》中我們可以看到數字"6"的字體形狀從西元前到近代的演變確實也是比較大的，但我們發現其中主要的大概有三種演變路線。①從西元前 250 年至 1482 年的法國數字中的帶弧線和大部分類似圓圈的數字形狀；②為東阿拉伯十世紀和西元 1340 年中的倒"h"形狀的數碼"6"；③為近代阿拉伯數字中的"7"字形數碼"6"。

1、晃眼一看中文數字"六"變化為帶有圓圈的字體好像完全沒有可能性，因為漢字中的數碼"六"的筆劃太散，似乎沒有連筆成圓圈的可能，但是在一筆成字的毛筆草書寫法中這種不可能卻變為了切實可行的書寫方法。下麵推薦的草書字體是毛澤東的草書"六"字"　"，大家可以看到"六"字的上半部分被寫成了圓圈，妥妥的就是一個現代印度－阿拉伯數字"6"的字體形狀。

可能觀點會認為毛澤東的草書"六"是在印度－阿拉伯數字傳入中國並流行之後寫的，或許帶有寫印度－阿拉伯數字"6"的習慣順手寫就的，不足以說明中國古代草書體"六"字會有圓圈的寫法。那我們再來看看八大山人一筆成字的草書"　"，我們可以非常明顯地看到在"六"的第二筆與第三筆"點"的連接上"橫"筆的末端有一個向上然後向左下轉圈的運筆，只是這種行筆與"橫"重合，所以不易被察覺到，但當我們使用硬筆替代毛筆使用同樣的運筆方式寫這個"六"字的話，這裏就會出現圓圈了，如下圖："　"。當我們去掉字體右下角的連寫筆劃和"點"後，整個字體就成為了這樣"　"的形狀，這個字的形狀幾乎就是所有涉及演變線路①中帶有弧線的與類似圓圈的數碼"6"的雛形，這就是印度－阿拉伯數字"6"的字體形狀的源頭。

那麼這裏面有幾個問題，一是為什麼會把字體的右下角連寫筆劃和"點"去掉？其實這個很正常，當毛筆寫到最後沒有墨水的時候，最後的筆劃就會很淡，甚至淡到無法觀察到。我們可以很明顯地看到八大山人上圖中的"六"字最後的連筆筆劃和"點"是重複添加上去的，就是因為沒有墨水，前一次的筆劃太淡的原因。這種因古代文字書寫條件惡劣而使手抄傳播中出現文字錯筆、銼筆和漏筆的情況並不罕見，尤其是在民間異域文化的交流中更是屬於普遍狀況，這一點一些從事文史異域傳播研究的學者專家們可能更有體會。

另外一個問題是為什麼會有軟筆硬筆轉換的書寫情況。這是因為最遲從春秋時期起，中國就開始使用毛筆書寫工具，曾侯乙墓出土毛筆實物可以證實這種情況（中國上古時期甲骨文、金文及竹簡初期基本上是使用刻刀等硬筆書寫工具），有一觀點認為中國 7000 年前就有毛筆。而中國以西的地區和國家從古至今都是使用的硬筆書寫工具，如蘆葦稈、羽毛筆、鋼筆等等。所以在進行異域文化交流時，由毛筆軟筆書寫轉化為硬筆記錄書寫文字數碼，是非常自然的事情。

最後的問題就是以上的草書字體形狀的書寫方法具不具有代表性。我們可以非常明確地確認這件事情。在鋼筆、鉛筆、圓珠筆沒有在中國普遍應用之前，以上兩位書法大家的書寫形式是絕對具有代表性的，尤其是在民間甚至會出現相同的書寫流派和風格，更何況中國草書字體本就是簡潔迅捷的文字書寫體系且並不整齊劃一。

2、比較幸運的是，我們在尋找印度—阿拉伯數字"6"的古代字體形狀樣本圖形時，找到了一個由漢字數碼"六"直接演化而來的類似圓圈形數碼"6"形狀的字碼，即十世紀波斯數學家伊本•拉班《印度算術原理》中的"6"，如圖："ʔ"。這個字體形狀粗看如同近代印度—阿拉伯數字"9"的形狀。但當我們把字體放大時就會發覺其上部相當於一筆與下麵一橫連接起來的筆劃"點"，兩個筆劃在左側相當於中國草書斷連的連筆運筆方式，筆劃中有粗有細，筆劃"點"是粗體，筆劃"橫"也是粗體，但兩個筆劃之間像是軟毛筆提落運筆中的細微連接。當我們在整個字體的右下角再加上一個向右下的長"點"筆劃時，一個正規的漢文數字"六"就神奇地出現了。

當我們不加上這一個長"點"的筆劃時，整個圓圈我們會看成是一個沒有中斷的圓圈（右上角的缺口除外）；但當我們加上一個筆劃"點"的時候，這個字體左上角斷續的連接就會被看作是斷開的了。這就是中國文字的草書字體難以辨識、確認的現象情景。但就這個字體的筆劃粗細和主體形狀而言，其確實是為除掉了右下角筆劃"點"的草書數字"六"。這個數字也正是本節例②的倒寫"h"字形，只不過在圖 6-3《印度－阿拉伯數字字體形狀的表達》中的字體是使用硬筆書寫印刷的，無法體現筆劃的粗細與斷聯的變化，並且改變了字體的筆劃方向，使

連筆向左下的"點"如下圖："⟋"改變為字體右側直下的"豎"筆筆劃。類似於這樣的軟硬筆具的轉換使用、字體筆劃的省略去除再加上字體筆劃方向上的變動，使得文字的主要來源線索資訊大量減少，對人們識別其真正的源頭產生了極大的阻礙。

而八大山人另一格一筆成字的草書字體"乚"去掉右下邊一點後字體的形狀就是"⟋"，左上角加長一點後就成為了"ㄣ"的字體形狀。

3、對於第三種"7"字形數碼形狀的"6"我們可能也比較迷惑，其字體形狀與現代印度－阿拉伯數字"6"的一筆成字的造型差異大，與中文漢字數碼"六"更好像毫無關聯。有部分資料顯示其字形來源於西元前 300 年左右的印度婆羅門數字，如圖"ㄟ"，其時間跨度與圖 6-3《印度－阿拉伯數字字體形狀的表達》相差過大，好像不太好確定來源時間資訊。但好在其字形結構比較簡單，傳播過程中筆劃線條的變化不大，所以我們依然能夠找出其變化途徑。

其字形主體結構是兩條呈 60° 至 90° 左右的直線相交於一點。這種字體形狀的來源，我們還是能從漢字數碼"六"的中國古代各種字體中去尋找答案。

其一，漢字"六"（參見圖 6-32）

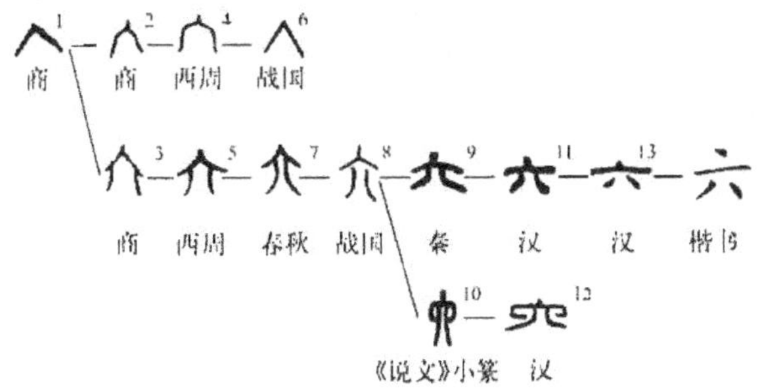

1、2、3《甲文编》540～541頁。4《金文编》948頁。5、7《类编》407頁。6、8《古文典》224頁。9、11、12、13《篆隶表》1045頁。10《说文》307頁。

圖 6-32 漢字"六"的字形演變；圖片來源：李學勤編《字源》天津古籍出版社，2013.07：1266-1267

地變演變過程中，商代和戰國的寫法即為兩條呈 60°至 100°左右的直線相交於上方一點，也就是說這種"六"的字體形狀中國自古有之。

其二，孫過庭的" "、吳鎮" "，虞世南的" "，賀知章" "，王鐸" "的草書"六"的字體形狀，當我們去除掉其字體下部兩個"點"的筆劃後就得到了我們探討的"7"字形數字"6"，並包括了 876 年印度瓜廖爾石碑上面的數字"6" 。

在傳播過程中為什麼會去掉下麵兩個"點"的筆劃呢？我們在前文中分析過，在文字書寫時由於墨水的欠缺，可能會導致筆劃最終的不清晰，這是原因之一；原因二是漢字"六"的字體結構為上下結構，而中國古代文字的書寫方式也是上下成列直書。在手抄書寫不規範的古代，當上下結構的字體寫得較為疏鬆、散開，而字間距沒控制好時，很容易被不太深入瞭解漢字的異域文化地區看作為不是一個文字的整體，而是兩個文字。在數碼字體精簡。快捷的演化大背景下，去除兩"點"筆劃的情況也屬於正常行為了。

其三，這裏有個比較特殊的字體形狀，即巴克沙利手稿中的數碼"6"，如圖" "，看上去好像漢字中的"人"字或者"入"字。但當我們找出漢字"六"的字源時，從金文、甲骨文中均發現了與之相近的字體結構，如圖，甲骨"∧"、金文"∩"，簡化、拉直字體左右兩邊的筆劃就為巴克沙利手稿中的數碼"6"形狀了，"⅄"。

4、演化過程：

(1)"六"→"⅄"→"⅄"→"ʮ"

(2)"六"→"⅄"→"ϒ"→"ϒ"→"ϙ"

(3)"六"→"⅄"→"L"→"ᒪ"（瓜廖爾石碑）

(4)"六"→"∧"→"⅄"（巴克沙利手稿）

（九）數字"7"

數字"7"從所謂的印度－阿拉伯數字系統的發展源頭開始就是由漢語數字"七"直接演化而來的。我們從圖 6-3《印度－阿拉伯數字字體形狀的表達》中可以看出，其數字形狀在整個演化過程中很少發生改變，筆劃的增減也不明顯，這是因為其來源的母本、漢語數字"七"本身筆劃簡潔，從秦漢時期開始就沒有發生改變，幾遍還中國的行書、草書的寫法對其形狀也沒有太多的變動，因此印度－阿拉伯數字"7"的整個演化過程自然就不會有太多的變化了。

可能有觀點認為中國漢語數字"七"中間有一橫的筆劃，而與印度－阿拉伯數字"7"的差別還是比較大的。但是這種變化卻正是符合了整個數字體系在世界文化交流中的簡單、便捷的發展趨勢，而這種變化也是有跡可循的。

數字"7"在中國漢字中的正楷寫法是這樣的"七"，但我們可以看到在行草書寫方法中，它是會被寫成張弼"七"這樣的，正楷"七"中的一橫，被寫成了一個"點"的筆劃。當把張弼的這個數字"七"旋轉 180°的時候，如圖"7"，這個就是當今一些中國人在手寫的印度－阿拉伯數字"7"的習慣字形。即在書寫"7"時，會在"7"的豎形筆劃上加上一個"點"，如圖"7"。我們再把這個帶著點的"7"中間的點去掉時，其就是真真實實的印度－阿拉伯數字"7"的字體形狀了。

那麼這個"7"字中間的筆劃點為什麼會被去掉呢？我們認為除了文字傳播中簡化方便的需要外，還與印度次大陸和阿拉伯地區文字字形的結構方式有關。我們可以觀察到，在印度次大陸和阿拉伯的文字中，很少有字母和文字中間的筆劃上存在"點"的筆劃。其文字"點"的筆劃基本上會出現在字母和組合文字整體結構的上方或者下方，還有可能出現在整體的左右方向等文字主體結構的周邊（有興趣的學者或愛好者可以對此種現象進行相關的研究和探討），絕對不會在一個字母的筆劃上另外再加上一個"點"的筆劃。因此當接受和傳承外來文字時，去除不符合本地區域文化文字結構構型的多餘筆劃是非常自然的事情。也就是說，中國漢語數字"七"在傳播到印度次大陸的期間，受到了本地化的影響。正因為其母體數字"七"去除了中部疊加的"橫""點"

筆劃後，字體形狀更簡潔也更易識別，因此，在其後的演化進程中一直保持著母本字體的主體結構。

演化過程：

"七"→"七"→"ㄱ"→"ㄱ"→"7"

（十）數字"8"

實際上中國漢語數字"八"的字體形狀在圖 6-3《印度－阿拉伯數字字體形狀的表達》中已經有了非常直接地展示，如近代阿拉伯數字"8"即"∧"，西元 1340 年"∧"。無非其的書寫方式是把中文"八"的左撇右捺的兩個筆劃在文字結構的頂部行了連接，而不像漢字的書寫方式使兩個筆劃分開。但其分別向左和向右的行筆方向和字體的主要結構幾乎是一模一樣的。

對其做出了改變的是圖 6-3《印度－阿拉伯數字字體形狀的表達》中西元 100 年的數字 8，如圖："〻"。我們使其逆時針旋轉 90°"〻"可以看到其變化為左向的"撇"筆劃改變成為了先向左然後向上挑筆的弧線形筆劃。事實上這種弧形運筆的方式也是漢語文字"八"筆劃撇的一種寫法，如趙之謙的"八"、趙孟俯的"八"、元診墓誌的"八"，這些文字"八"一撇的筆劃都是弧線。而蔡襄的草書字體"〻"、朱耷的草書字體"〻"、王羲之的草書字體"〻"、的字體形狀，在順時針旋轉 90°後，無疑就是圖 6-3《印度－阿拉伯數字字體形狀的表達》西元 100 年中的另一個數字"8"如圖"S"的最好的範本。並且朱耷的草書字體"〻"、徐伯清的草書字體"〻"等連筆一筆成字"八"的寫法，已經完全契合圖 6-3《印度－阿拉伯數字字體形狀的表達》中西元 150 年數字"8"的"S"形字體形狀，如圖"S"。只不過其也是方向上逆時針旋轉了 90°而已。

至此，印度－阿拉伯數字"8"主體形狀的來源已經基本成型了，因為"S"字形的數字"8"，已經有了現代印度－阿拉伯數字"8"的雛形。最後就是"S"字形的數字"8"因一筆成字行筆的連貫性和便識性，使得"S"字形筆劃的尾端上挑與文字中部的筆劃相交叉，並最終與起始筆劃相連而形成的。

目前還有觀點認為，印度－阿拉伯數字"8"的右上角是不相連、不用封口的，如圖"8"。這種不封口的印度－阿拉伯數字"8"更接近於中國漢語數字"八"的草書形狀，進一步證實了印度－阿拉伯數字"8"的字體形狀來源於中國漢語數字"八"的演化歷程。

總體而言，在圖 6-3《印度－阿拉伯數字字體形狀的表達》中列舉的總計 17 個數字"8"的字體形狀中，與中國漢語數字"八"不同形式的書寫方式相似形狀的關聯數字有 12 個，即漢語數字"八"的不同書寫方式的字體形狀，在其整個演化進程中占到 70%強，這種影響力是不應該被忽視的，其印證了印度－阿拉伯數字"8"來源於漢語數字"八"，尤其是漢語草書數字" "的不爭事實。

演化過程：

"八"→" "→" "→" "

"八" →" "→" "→"S"→未封口" "→"8"

（十一）數字"9"

我們從圖 6-3《印度－阿拉伯數字字體形狀的表達》中可以發現印度
－阿拉伯數字"9"的整個演化路徑裏，有兩個基本形狀特徵。其一是不
帶圓圈結構的弧形筆劃結構形式字體；其二是帶圓圈結構的弧形筆劃
結構形式字體。在前者中即不帶圓圈結構的弧形筆劃結構形式的字體
還有一種數字"3"形是結構字體。如婆羅摩笈多西元 300 年至 450 年
" 3 "、西元 950 年" "、近代梵文數字" "，而所有這些字體的形狀
特徵我們都可以從漢語數字"九"的中國不同的書寫形式字體中找出原
型。

1、我們知道漢語數字"九"可以像唐寅這樣寫" "，也可以像趙孟俯
這樣寫" "，撇與橫的筆劃相交部分比較小；而且還可以像米芾
這樣寫" "，最後結尾的筆劃沒有向上的彎鉤。

而漢語文字結構中的筆劃"撇"的特殊寫法，是中國方塊文字中獨特的
筆劃形式，在異域文化看來，這一撇相當於一"豎"的筆劃。於是"九"
的形狀就會被他們寫作左上角的筆劃交叉出頭的" "，如同王鐸的行
書" "、張遷碑的行書" "、王寵的楷書" "。這樣書寫的
" "字作為中國人的我們一定不會否認，而當異域國家引入這個漢語
數字後，因本區域文字文化的不同書寫形式和習慣而去掉了文字左上
角橫豎筆劃相交而突出的部分後，我們就不認識了。

我們把這種形狀的文字寫出來，就是這個樣子的" "，再對應圖 6-3
《印度－阿拉伯數字字體形狀的表達》中數字"9"的形狀去查找，我們
就會發現其與西元前 100 年至西元 150 年三個印度次大陸出現的數字
"9"的字體形狀一模一樣。

2、我們再來看看漢字"九"的另一種寫法，王獻之的行書" "、吳大
澄書論語中的篆書" "、張旭的狂草" "，從中我們可以看到這些
字體的右部都有一個非常明顯的"3"字形狀結構，而文字左邊的一撇，
正是異域地區（含阿拉伯、印度次大陸）很少使用的筆劃。

3、帶圓圈結構的數字"9"的字體形狀，在印度－阿拉伯數字"9"的演化過程中是非常重要的，對最後的現代印度－阿拉伯數字"9"的字體形狀定型起到了決定性的作用，而此類字體的形狀也是從漢語數字"九"中演化而來的。

我們看看啟功的行書"九"、小林鬥庵的行書"九"，當我們**順時針旋轉**其方向觀察它們時"九"，幾乎就直接可以看出是手寫的印度－阿拉伯數字"9"。而當我們把包含何紹基的草書"九"、黃庭堅草書"九"在內的帶圓圈的漢語數字"九"上方突出字體的一點筆劃去掉，再順時針旋轉 90°時"九""九"，我們就可以看到其字體形狀就與西阿拉伯十世紀中的數字"9"的字體形狀"九"一模一樣了。這無疑就是印度－阿拉伯數字"9"的字體形狀來源。

3、演化過程：

(1)、"九"→"九"→"九"→"九"

(2)、"九"→"九"→"九"

(3)、"九"→"九"→"九"→"9"

眾所周知，同一種語言文字經過歲月的打磨，它的讀音和字體形狀都是會有變化的。如中國漢語文字，在現代印刷字體以前，一直都在演進變化，如果這其中的一兩個演化環節遺失斷開了，演化過程失去了聯繫，那麼一些漢語文字前後演化階段的字體形狀存續關係就很難辨認出來。比如商周時期甲骨文的"員"字和楷書的"員"字，如果其演變過程中其他的演化階段和環節都遺失了，我們將很難確認其為同一個文字。而中國數目文字在傳播異域演化成印度－阿拉伯數字的過程中，其分時間、分階段、分地域、分零整不斷演變的狀態，造成了後人識別其真正來源的巨大困難。

回顧全文，我們認為印度－阿拉伯數字字體形狀繼承來源於中國漢語各種草書行書書寫的數目字字體形狀有以下客觀事實是不容忽視的，在此我們作為一些結論性的關鍵問題進行簡潔的匯總，以資各位有興趣的學者們進行更深入的參考研究：

1.有關地理概念問題

即古代、中世紀以及近代的歐洲及阿拉伯人對印度次大陸地理概念的認知問題和其在進行數學史研究時對印度－阿拉伯數字來源地的地理名稱的翻譯問題；

2.有關引介人傳播者是中國人的問題

即現今我們大家普遍確認的把印度－阿拉伯數字系統（含十進位值制）寫成著作並被斐波那契引進和推薦到西方歐洲的發明人、代數之父：花拉子米到底是不是中國人的問題。

關於以上兩個方面的問題，李嶽伍先生分別在《花拉子米所稱"印度"實指"中國"》和 2021 年在《愛傳統網》發表的《花拉子米是古代中國的一個邊疆之民》《再論花拉子米是古代中國的一個邊疆之民》及《簡論花拉子米是古代中國數學家》等文章中做出過比較翔實的闡述，我們在這裏對其觀點持贊同的立場態度。有興趣的學者可以對這些問題做進一步的深入研究和探討。

3.有關成熟的數字系統被借鑒、引用的問題成熟的數字系統使用時間在前，只有被其他數字系統借鑒，數字系統成熟地區不可能去使用不成熟不方便的數字系統。

得益於藍麗容院士的研究成果，我們知曉了十進位值制屬於中國古代的發明。除了十進位值制外，印度－阿拉伯數字系統還含有"分數符號""籌算""負數""零"等表達形式，是一個非常成熟的記數、計算的數字系統。而在這些所有的方面，中國古代的數字系統全都走在印度次大陸的前面，印度次大陸在這些方面的所有發明都滯後於中國古代。在兩個地區有不間斷交流的前提下，只有印度次大陸地區借鑒、學習中國成熟的數字系統的可能，而不是相反。

4. 有關印度－阿拉伯數目文字不屬於古代印度次大陸地區文字文化範疇的問題

前文有過闡述，印度－阿拉伯數字不屬於古代印度次大陸地區文字文化範疇，而是屬於外來文化文字的數字。數字也不是一種數碼符號，而是一種比符號更先進更高級的記數、計算的文字，定義為數碼符號是一種無法得知這種文字真實來源之前的無奈之舉。而中國古代漢語數字的各種書寫表達形式即字體形狀卻極其符合印度－阿拉伯數字屬於文字的基本屬性。藍麗容院士說過的婆羅門數字系統頭九個數字（尤其是"一、二、三"），即印度－阿拉伯數字初始的字體形狀，與中國古代漢語數字的各種書寫表達形式極其吻合，在顯示出印度－阿拉伯數字屬於文字屬性的同時也印證了其起源於中國的確切真相。

對比而言，印度次大陸與中國是全世界最早使用十進位值制印度－阿拉伯數字系統的兩個地區和國家，而該體系數目文字及字體形狀不屬於印度次大陸地區的文化傳統規範範疇，卻極其符合中國的文化文字傳承，那麼這個體系數目文字及其字體形狀必定就是屬於中國的，這就是本文所提出的最重要的證據和理論依據，並得出無可辯駁的最終結論，即印度－阿拉伯數字系統字體形狀發源於中國。

舉個例子，在法律上有一個罪名叫做："巨額財產來歷不明罪"，也就是說當財產、支出明顯超過合法收入，當事人員不能說明來源的，既有可能構成此罪。

但在不同地區的文化交流上我們當然不能去定罪。然而印度次大陸地區的婆羅門數字無法說明其來源（不符合本地區的文化規範範疇），並晚於中國十進位值制的相同數值的文字，而且字體字形的主體結構無限相同的情況下，其地區肯定不是原始起源地。而原始起源只能來自於比其更早出現相同字體形狀的古代中國地區。

5.有關中文漢語文字書寫及字體形狀多樣性的問題

對於漢字字體，當代社會很多人可能比較熟悉辦公軟體中或者電腦和手機裏面的中文輸入法中一些常見的文字字體，比如隸書、楷書、宋體等，卻對中文字體的發展和演變知之甚少。

一般來說，漢字起源至今，已有五千年左右的歷史。但從考古資料上顯示，漢字的起源起碼可以追溯至 8000 年至 7000 年以前的刻骨文及陶器文字。

在成千上萬年間，漢字一直處於發展變化和演變之中。簡單概括而言漢字的發展到現代以前經歷過"骨刻文"字體、"陶器文"字體、"甲骨文"字體、"金文"字體、"篆書"字體、"隸書"字體、"草書"字體、"楷書"字體、"行書"字體、"宋書"字體、"繁體"字體、"簡體"字體等不同的歷程階段。而近兩三千年以來，漢字的書寫方式除了"草書"以外變化不大，使得後人得以閱讀古文而沒有太多障礙。

但是為手寫之便捷而用於速記和書法藝術展示的"草書"字體與其他字體形狀的大相徑庭，使其在規範書寫方式的大背景下在正式場所應用較少，導致其逐漸被普通大眾慢慢淡忘。

而在這種長期的演變過程中，由於文字發展初期的文字數量短缺、不同手書學者對文字的掌握程度以及在文字傳抄過程中的訛傳，於是又出現了很多的"多音多意"字：如"月"（yuè）和"月"（róu）；"異體字"：如"淚"和"涙"；"通假字"：如"修"和"脩"等等。

漢字的改革和演化還包括多次不同程度的"繁體"改"簡體"等等。

漢字的這些變革和演變從古代都已經開始，在使得文字便於識讀、記憶更為容易、書寫更為方便的同時，由於字形的改變，讓很多漢字蘊藏在文字結構中的含義因字體形狀的改變而缺失掉，"見形知意"的表意特性降低。如："車"簡化為"車"；"關"簡化為"關"等等，

幾無象形字的含義體現。

漢字字體的多樣性，草書體、異體字和簡體字等情況的存在，造成若不進行刨根問底式的深入考究，有部分文字就會使人們無法弄清楚其真實的含義。自然而然，這種變革和演變的影響必定也包含數目文字在內。

字體的化繁從簡，減掉多餘筆劃以及字形連筆、油墨侵蝕擴散、筆劃起止的寫法、顛倒、反轉，軟筆（毛筆）轉硬筆筆劃重疊、簡略等等皆屬於手抄、學習、模仿中出現的問題，甚至於因毛筆筆墨的飽滿、斷續程度都會對抄寫產生影響。

有觀點可能會認為，我們在進行字體形狀比較時所舉的草書行書字體例子普遍存在單一的現象，不應該能成為實證。確實，我們所擁有的能完全證實中國古代字體形狀的現存資料並不太多，但是大家別忘了，我們在這方面的例證都是出自於中國古代的書法大家，他們的字體形狀一旦成型並保存下來，就會吸引廣大的文人騷客、商賈走販大量競相模仿，形成字帖、描本，臨摹、仿寫比比皆是，如王羲之的《蘭亭集序》，世代相傳，千古名帖。而這些不知名的文人騷客商賈走販在古代中國幾千年歷史進程中浩如煙海，會形成龐大的基層底層書寫字體，這些龐大的基礎人群中有可能書寫出來的字體形狀更接近於我們文中涉及到的各種印度－阿拉伯數字的字體形狀樣本。從某些方面來說這些書法大家的字體相當於現今的國家級標準版本字體，使用他們的字體來體現中國古代漢語文字的字體形狀，是沒有任何問題的。

6.關於數目文字傳播的可能性背景、傳播路線及時間階段的問題

吳文俊院士說過："所有結論應該從僥倖留傳至今的原始文獻中得出來。

所有結論應按照古人當時的思路去推理，也就是只能用當時已知的知

識和利用當時用到的輔助工具，而應該避開古代文獻中完全沒有的東西。"

從現今的視角來看印度－阿拉伯數字的傳播，由於體系理論的存在，我們很容易地把整個數字體系當作一個整體來看待，從而認為這九、十個數字應該每次是整體一起傳播的，但事實是花剌子子米完整的介紹印度－阿拉伯數字體系之前，阿拉伯數字體系的傳播很大程度上是分開每個數字或者一組數字進行傳播的，畢竟從發現的證據來看，這些初期被傳播的數字的作用基本上都是在用於記賬和計算之中，這一點可以從考古發現中得出結論，如巴克莎莉手稿、瓜廖爾石碑等等，而這種類型的傳播方式，是很難將整個數字系統的每個數目文字都完整展現出來的，如賬目或者計算中沒有涉及到的數目文字，就不會被保存下來並進行傳播了。因此印度次大陸地區在數字體系傳播的開始階段即婆羅門時期，只有幾個數目文字的記錄出現就順理成章了。這同時也證明了最起碼在系統傳播前期，由於傳播形式的局限性，整個數字系統是分開進行傳播的過程。

婆羅米初期由於中國的草書、行書字體的書寫體系並沒有完全成熟、國內應用不廣泛，所以傳播出去的就是正寫字體，如："一""二""三"等等。而恰恰婆羅米此時所表現出來的印度－阿拉伯數字系統的數目文字字體形狀與中國的數目文字"一、二、三"的字體形狀如出一轍，而且婆羅米此時也僅僅只有這幾個數目文字。

我們看看巴克沙利手稿中的數字圖像"一"，這個時候與中國橫寫的數目文字"一"幾乎毫無二致一模一樣。

在婆羅米時期中後期，即西元前 100 年至西元 500 年時期，中國地區草書、行書字體的書寫體系逐步成型，所以傳播出去的就是含有行書草書字體形狀特徵的數目文字，如前文分析中的印度－阿拉伯數目文字"4、5、6、7、8、9、"等字體形狀的演變情況。

而在中世紀時期，由於中國地區草書、行書字體的書寫體系已經完全成熟，所以中國數目文字傳播出去的就幾乎完全是行書、草書字體形狀特徵，如伊本•拉班翻譯花拉子米的印度－阿拉伯數字系統的字體形狀和維希拉努斯抄本的印度－阿拉伯數字系統字體形狀。

以上的結論我們可以從圖 6-3《印度-阿拉伯數字字體形狀的表達》中根據印度－阿拉伯數字系統整個字體形狀的演變過程結合中國漢語文字字體的演變進程進行分析而得來。因此，我們考慮到印度－阿拉伯數字系統由東向西傳播的線路和時間應該如下：

婆羅米時期：由中國傳向印度次大陸地區；

中世紀時期：由中國傳向阿拉伯地區繼而傳向歐洲，這也與中西沙漠絲綢之路的開通和大唐疆域擴張的時間與背景極其吻合而且密不可分；

線路圖大致如下：

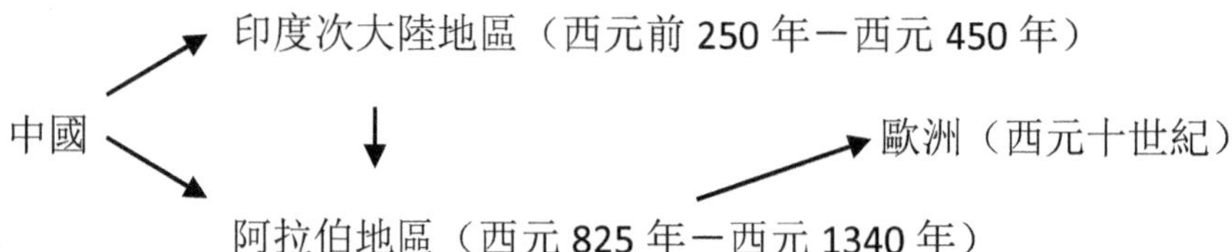

印度－阿拉伯數字字碼字體形狀不是一蹴而就的，如果把中國漢語數目文字的各種書寫體系形式的形狀從零到玖看作是一個標準定型版本的話，基本上每個印度係數字和阿係數字字體形狀都在不斷向著標準形狀目標演變，直到定型為中古時期的印度－阿拉伯數字字體形狀，這種演變是從西元前就開始了。也證明每個傳播字形對標的文字源頭形狀不一樣，比如正體字形或者草書體字形。就是說印度－阿拉伯數字在演變過程中，某段時期有的字體形狀是從中國漢語數目文字的正體文字形狀傳播過去的，有些數字形狀則是通過中國漢語數目文字的草書體文字傳播過去的，

我們把印度係數字，即婆羅米（門）數字系列和後期阿拉伯系地區展現出來傳播的數字字體形狀分開進行比較，同一個字形會重複顛倒出現，證明 1.手抄版容易出錯，2.傳承不連貫、沒有延續，傳播源頭或者途徑不一。

可見印度－阿拉伯數字在幾千年的傳播演變基本上是按照中國古代的漢語數目文字為範本母版標準，一個文字一個文字，一個階段一個階段，一個時期一個時期，經過多人多次多地區按圖索驥、依葫蘆畫

瓢、照貓畫虎，甚至是郢書燕說一步一步逐步傳播、演化而來。

當然，我們不排除整個演變演化過程中在某一個時期階段有極少的個別的數字字體形狀是使用符合印度次大陸本地區文化傳統規範格式的文字來進行書寫的可能性，但是這種個例支撐不起整個印度－阿拉伯數字系統都起源於印度次大陸本地區文化傳統的結論。

中國古代不需要有眾多專業的數學書籍去介紹解釋十進位值制及其數字系統，因為在古代這就是中國社會生活的常識，有大量的其他書籍資料對此分門別類地進行普及。如說文解字等字典工具書籍會對數字進行解釋，如九九口訣表的可以提供算術計算方法等等之類。所以中國古代的數學專著基本上都是問答解題的實用主義書籍，實際上也屬於一種工具書的範疇，很少有對專門概念理論上的闡述、分析和概括。

而異域地區卻不同，沒有十進位體系基礎，不能一個個單獨地進行理解，只能成套引進整個體系；而在此之前的學習和運用只能是片面的、不深刻，甚至是碎片化的。

因為沒有類似於教科書之類書籍的直接傳承，而且兩個地區的交通聯絡極其不便的前提下，十個數字應該是分批，分次，碎片化而不是整體傳播，也許是因為一次雙方的交易記賬的帳冊中存在的兩三個數目字，或者是相互交流的幾道算術題中涉及到的四五個數目文字；更多的可能是在交易溝通過程中討價還價，利潤估算等具體事務中認識到的幾個數字，而最後留下我們大家現在能夠看到的文字遺跡的作者，也許已經不是在交易現場溝通交流的兩個地區的直接當事人了，而是經過了多人多次的資訊傳遞最後的書寫記錄和整理的人員。

總之而言，在印刷字體出現之前幾千年漫長歲月裏，兩個地區之間惡劣簡陋的硬體環境下，整個數字系統傳播的過程形成了如今我們面對的種種困惑，如筆劃短缺、如字體旋轉等等，造成我們至今無法辨認其真實身份及來源的尷尬局面。

綜合中國古代漢語文字的發展歷程及不同階段不同時期地向西方傳播

各種漢語數字字體形狀的情況來進行分析的結論，就應該是吳文俊院士"公開懸賞"："誰要是發現在絲綢之路上，阿拉伯數字是中國傳過去的證據，獎勵 50 萬元（摘自中國科學院網，來源 2012 年 8 月 28 日科技日報胡唯元"吳文俊院士：生產方面需求是學術的最大動力"）"所要求的證據吧。

我們認為這證據不僅有"地理概念問題""印度－阿拉伯數字系統中的中國基因問題""印度－阿拉伯數字系統數字源於中國的邏輯背景問題"、最重要的是"印度－阿拉伯數字系統數字字體形狀"是跟隨中國文化文字字體形狀不同時期階段的演變而演變的，又由不同時期階段的不同傳播路徑通道而傳播的。這與中國文化的發展和東西方文化交流的歷史大背景是相吻合的。

漢語數目文字在秦漢時期沿著西南絲綢之路傳播到印度；而在漢唐時期漢語數字又沿著沙漠絲綢之路傳播到阿拉伯。這證據就是中國古代漢語書寫文字從篆書到草書的演變歷程。

因為印度－阿拉伯數字體系數字字體形狀的變化發展歷程，恰恰與中國古代漢語書寫文字字體的發展歷程相吻合，也與中國與西方在不同時期階段的交流路線不謀而合，即印度－阿拉伯數字體系的數字字體形狀的變化發展歷程與中國文化文字的發展演變和東西方文化交流的歷史大背景都是相吻合的。

秦漢之前是印度，漢唐以後是阿拉伯，而且傳播到兩個地區的數字字體形狀的主體結構與當時的中國書寫系統文字字體的形狀幾乎一模一樣。這就是印度－阿拉伯數字字體形狀起源於中國的鐵打的證據。

兩個存在文化生活交流的地區出現了表達同一個數目的、主體結構和外觀形狀都是相同的數目文字就是證據。這證據就在那裏，幾千年一直不變，我們只是翻開指給人家看看罷了。

而關於"算籌"及"籌算方式"是當時檢驗數字屬性最早的唯一的實踐工具的問題，是完全沒有辦法的事情，是中華民族的祖先們獨有的智慧和才能的體現。

藍麗容院士判定十進位值制來源於中國同樣是依據中國古代算書對十

進位值制的表述而得出的結論，而不是根據中外有哪一本古籍中明確記載說明了十進位值制是來源於中國的證據去證明。

藍麗容院士分析："在研究所有比印度－阿拉伯系統更早出現的，並為人所知的數字系統後，顯示出中國的算籌是唯一與印度－阿拉伯數字系統有相同概念的數字系統。"

同樣數字形狀起源追溯問題也不需要直接證據說明數字形狀起源於古代中國漢語文字，而只需要對比兩個地區的同一文字的文字形狀並拿出誰的同字形同字義的文字使用得更早的證據就行了。

舉一個簡單的例子，以此類推吧：中國甲骨文的"一"與印度次大陸婆羅門時期的"一"，它們在字形上完全相同、在字義上都是數字"1"的含義；同樣中國籌算中的"｜"與印度次大陸婆羅門阿育王和佉盧文時期的"｜"它們在字形上也完全相同、在字義上也都是數字"1"的含義，那麼在中國的甲骨文"一"與籌算書寫表達方式的"｜"比印度次大陸婆羅門時期的"一"和阿育王和佉盧文時期的"｜"出現與使用更早的前提下，在兩地存在相互交流的情況下，"一"與"｜"的文字只能是由中國傳向印度次大陸地區，而絕對不可能相反。

更何況我們對一些在現代以前連自己的歷史都沒有記錄習慣的、要考察自己歷史還需要借助其他地區或國家歷史記錄的國家或地區（如印度地區和阿拉伯地區），去要求其科學技術交流史或者傳播史按照符合當今學術界的規範，注釋清楚其引用、注明來源，確實是太強人所難的事情了。

7.關於字體形狀的旋轉：

在前文字體形狀演變過程的分析中，我們會經常提到把某個字體進行90°順時針旋轉或者是逆時針旋轉90°的情景。這是因為在文字傳播的過程中由於地域的文化差異和書寫習性的不同所形成的問題，前文我們也做了一定程度的解釋，在此，我們再次提出這個問題，以表重視。

既然中國古代的漢語數目文字在演變為印度－阿拉伯體系字體形狀的過程中就能旋轉、顛倒方向，為什麼其本地域地區國家的字母不能改變方向變為印度－阿拉伯體系字體形狀呢？這是因為其本國文字及結構是有規範性和確定性的，我們在前文也進行了相關的解釋，而引入的時候，會因為不確定的因素發生錯誤使然。

前文我們基本上都是在單個的文字演化過程分析中提到的將文字進行各種方向的旋轉，我們現在來看看將印度－阿拉伯數字整體進行旋轉的效果，比如西元 1340 年時期的數字組 ١ ٢ ٣ ٤ ٥ ٦ ٧ ٨ ٩ ，我們把其全部旋轉一下看看，如下：

一大家有沒有感覺其像什麼事物，是不是很像我們熟悉的中國古代使用竹簡書寫文字的形式？還有十世紀的東阿拉伯數字 ١ ٢ ٣ ٤ ٥ ٠ ٦ ٧ ٨ ٩ ，我們同樣把其全部逆時針旋轉

90°一下看看： — 是不是也很像竹簡？而且其中旋轉之後的文字字體形狀，與中國古代的漢語數目字的字體形狀有著高度的相似度，這種整體旋轉後字體形狀的契合程度我們不能視而不見，

這不是僅僅一句巧合能夠解釋的。

縱觀世界文化歷史的發展，任何兩個文明之間的同類別（如算術類或者天文類）系列的專用文字（不是單字母）的字體形狀，沒有只需要簡單旋轉一下就能相通、相同的現象。而且這種旋轉還僅僅是 90°或者是 180°左右，與兩個地區的書寫閱讀習慣迥異相關聯，而不是各種其他角度無規則的偏移旋轉。

8.關於字體形狀主體結構解釋：

"一"不可能演變為"8"，"三"不可能演化成為"4"，因為不論行書草書怎樣運筆行筆，"一"都不可能有交叉結構的字體形狀，"三"也只有弧形連筆筆劃而沒有交叉筆劃。而"8"與"4"在印度－阿拉伯數字中的筆劃是有交叉筆劃結構的，所以"一"演化不出來"8"，而"三"演化不出來"4"。"一"與"8"，"三"與"4"在字形結構上沒有結構形狀延續的基礎，不可能有延續演化的關係。從表面上來看，把中文"四"至"九"的字體形狀與印度－阿拉伯數字"4-9"進行一對一的對照比較，其對應個體之間好像也沒有什麼延續性，但當我們把中文漢語"四"至"九"的行書草書字體形狀與印度－阿拉伯數字"4"到"9"一一對應比較時，其字體形狀結構的延續性就非常明顯地體現出來了。

在本章節的討論過程中，我們提到很多次字體形狀筆劃的主體結構這個辭彙，那麼什麼是文字符號形狀的主體結構呢？我們認為字元的筆劃多少、筆劃之間的距離、筆劃的形狀、筆劃與筆劃之間的結合形態和變化，最後所有筆劃結合在一起後所形成的文字形狀，這些就是文字字元的主體結構。

當我們在判斷兩個形狀相似的文字符號之間有沒有傳承關係的時候，以其主體結構之間的相似度為依據是有事實論證基礎的，是具有一定科學性的。比如中文漢字"三"與印度－阿拉伯數字"3"之間，古印度－阿拉伯數字"3"可分為 5 個基礎筆劃，即如圖（參見圖 6-33）：

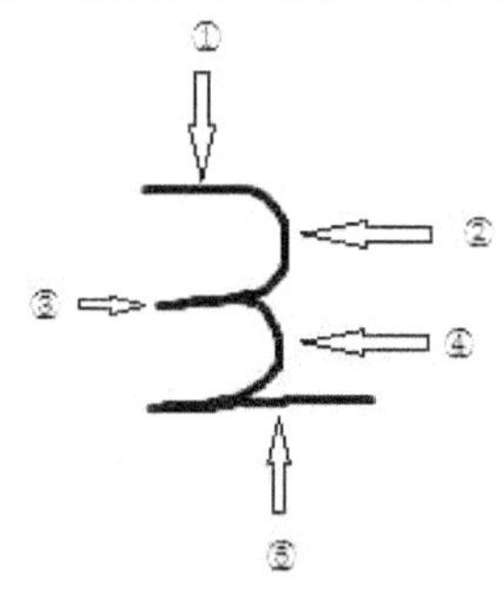

圖 6-33 手書古印度阿拉伯數字"3"的結構

其主體結構上要②比漢語數目文字"三"多了兩筆右側的弧形筆劃")"，即第"②"和第"④"兩個筆劃（參見圖 6-34），

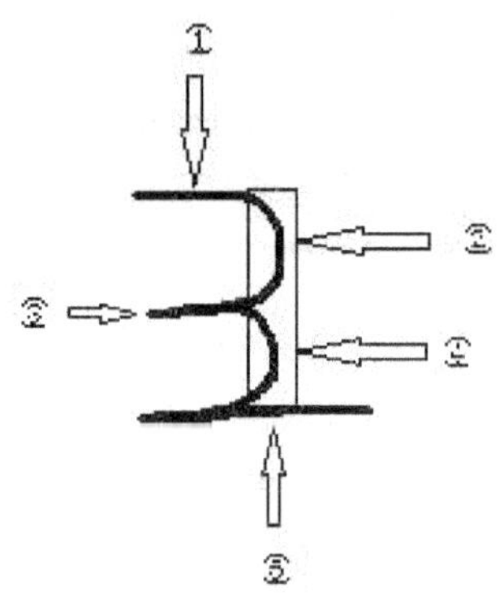

圖 6-34 手書古印度阿拉伯數字"3"與漢字"三"的比較

而這兩個筆劃一方面只占了文字符號總體筆劃的 40%，另一方面這兩

個筆劃本身要比其他筆劃短，在整個字體筆劃的長度中還占不到 40%，且在構成字體的面積占比中比率更小，所以我們就可以推斷出中國漢字"三"與印度－阿拉伯數字"3"之間的主體結構相似性在 70%左右，其之間應該具有演變傳承關係，然後再結合文字的書寫方式和習慣，再依據兩個文字出現的先後順序，我們就可以認為印度－阿拉伯數字"3"是由中國漢字"三"演化而來的。

同理，我們把印度－阿拉伯數字"8"看為由兩個圓圈組成，每個圓圈由上下左右四段弧線構成，那麼中文漢字"八"的行書草書字體形狀"✓Ʒ"與其只相差兩個弧形筆劃，與不封口的數字"8"相差的筆劃更少，那麼其主體結構相似度為 75%至 90%左右，稍微有點客觀性的思想認識都不應該否認這兩個文字之間具有的延續演化關係。其他的中文漢字系列數目文字與對應的印度－阿拉伯數字之間的主體結構相似度都可以以此類推。

實際上，我們在此運用的就是目前應用日益廣泛的網格化特徵文字字元識別方法。字元圖像被均勻地或非均勻地劃分為若幹區域，稱之為"網格"，在每一個網格內尋找各種特徵，如筆劃點與背景點的比例，交叉點筆劃端點的個數，細化後的筆劃長度，網格部分的筆劃密度等等。這種對比，需要我們在相同含義的文字中去尋找判斷字體形狀的延續性，而不能在不同含義的文字中去找尋這種延續，哪怕是字體形狀一模一樣的文字。比如圖 6-3 中西元 950 年數字組和近代梵文數字組中"4"的字體形狀"8"，雖然其與現代阿拉伯數字"8"的字體形狀十分相像，也不能使用網格化識別方法對比，因為它們文字的含義是數值"4"而不是"8"。

在現代科學的親子鑒定中，鑒定親子關係用得最多的是 DNA 分型鑒定。

一個人有 23 對（46 條）染色體，同一對染色體同一位值上的一對基因稱為等位基因，一般一個來自父親，一個來自母親。如果檢測到某個 DNA 位點的等位基因，一個與母親相同，另一個就應與父親相同，否則就存在疑問了。因此，每人從生父處繼承一半的分子物質，而另一半則從生母處獲得。

同樣，我們把現代印度－阿拉伯數字字碼字形看作是孩子（親生後代）的成型染色體，每個單獨的數碼都視為一對等位基因，

每個數碼中的遺傳性基因一半來源於父系中國古代漢語文字書寫系統，而另一半來自於母系即改進者（推介者或者翻譯）。

那麼，現代印度－阿拉伯數字字體形狀與中國古代漢語文字書寫系統有 50%的相同就可認定其來源於中國了（另外的 50%由改進者產生即可）。而我們看到這兩種書寫體系字碼形狀的相似度和主體相同程度要遠遠超過 50%（因為改進者沒有對文字主體形狀做出 50%以上的改變）。

當兩個文字符號形狀的主體結構相似契合度超過 50%以上，我們就可以推斷它們之間關聯度有承續性。而當某個特定領域，如計數、算術領域一系列相對應的每組數字符號形狀（如"一"對應"1"到"九"對應"9"）的主體結構相似契合度都超過 50%以上時，我們就可以推斷它們之間更會有承續關係，因為沒有任何人會認為這種情況只是一種無意識的巧合。

因此，在文字含義及文字字形（即字義字形）都基本相同的情況下，在中國漢語數目文字出現早於印度次大陸和阿拉伯地區數目文字的前提下，我們得出了印度－阿拉伯系列數字的字體形狀來源於中國漢語各種（主要是行書草書）字體數目文字的結論。

印度次大陸地區（包括阿拉伯地區）在引進外地區的數字系統後，這個數字系統所有的特徵和性質都沒變（十進位值制），其表達形式也沒改變（文字字體形狀），而且文字還不屬於本地區的文化規範範疇、基本上沒有對原文字的字體形狀進行太大的改動，那還能說這個系統是印度次大陸本地區發明的嗎？這個答案是顯而易見的。

所以，印度－阿拉伯數字數碼字體形狀繼承來源於中國古代漢語文字書寫系統即為肯定的結果。

本文同樣也證實了印度－阿拉伯數字系統整體在中國不是哪一個人發明的，也不是哪一個人傳播的，而是勤勞、智慧的中華民族群體長期的勞動經驗和生產實踐的結晶，是中華文明領先於其他人類文明的熊

熊火光。這火光，引領著中華民族的不斷艱苦卓絕、披荊斬棘地砥礪
前行，屹立上下五千年而不倒，除了短暫的小憩，始終站在人類文明
之巔。

最後，我們再把中國古代數目文字系列和印度－阿拉伯數字系統兩個
書寫體系中主體結構相似度契合度最高的對應數字字體形狀對照表列
出來，供大家以及相關的學者和愛好者進行參考、指正和研究。（參
見圖 6-35）

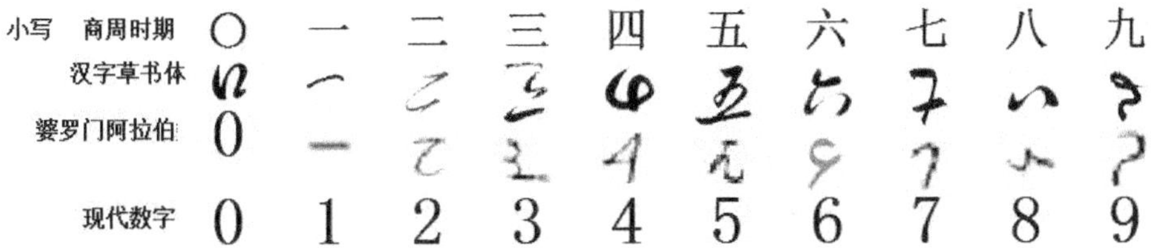

圖 6-35 中國古代數目文字和印度－阿拉伯數字對比

第七章　　　絲綢之路對中國數字系統傳向西方的作用

印度－阿拉伯數字系統體系盛行於世界，不僅僅是依靠了阿拉伯地區對其的傳播，而且還經過印度次大陸重要的傳播過程，其名稱中的"印度"和"阿拉伯"只是傳播過程中的途徑和地區而已，而這兩個地區卻正處於中國文化傳向西方的絲綢之路之上。印度－阿拉伯數字起源於中國，傳播與世界的證據不光是中國文化的演化和傳承，而且還有絲綢之路厚重的歷史背景與變遷。這兩個方面在印度－阿拉伯數字系統字體形狀的發展演變過程中時間、地點與事件高度契合。

一. 絲綢之路的背景和概述

絲綢之路對中華文明傳向西方的作用是不可忽視的。絲綢之路是古代連接中國和西亞、歐洲的重要貿易通道，其起源可以追溯到西元前138 年的漢朝時期，從此之後絲綢之路得到了官方的高度關注。絲綢之路以出口中國的絲綢而得名，但實際上它不僅僅是一條貿易路線，更是一個橋樑，將中華文明與西方世界聯繫在一起。通過絲綢之路，中華文明向西方傳播了豐富的知識、文化和商品。絲綢之路的興起和發展，開啟了中華文明和西方文明交流互鑒的新篇章。

絲綢之路路線：

　1. 長安為古代中國的首都，是絲綢之路的起點。從這裏出發，商人和旅行者穿越了廣袤的塞外大漠，征服了艱險的自然環境。進入中亞地區後，絲綢之路穿越了帕米爾高原。這個地區地勢崎嶇，氣候寒冷，但絲綢之路的商人和隊伍仍然勇往直前，抵禦風雪和寒冷。

　　- 經過波斯和希臘等國家後，絲綢之路通往地中海。這個目的地標誌著絲綢之路的終點，也是最重要的貿易市場之一。

　　這就是西元前 138 年張騫受漢武帝之命"鑿空"西域通往中亞、西亞直至南歐的絲綢之路，也稱"北方絲路""沙漠綠洲絲路"，其真正繁榮興盛的時期是在唐朝之時。但在這之前，中國通往中亞、西域之地還有沒有其他線路呢？

　　張騫在這方面也給了我們答案。根據《史記.大宛列傳》記載：
"騫曰：'臣在大夏時，見邛竹杖、蜀布。問曰：'安得此？'大夏國人
曰：'吾賈人往市之身毒。身毒在大夏東南可數千裏……。'以騫度之，
大夏去漢萬二千裏，居漢西南。今身毒國又居大夏東南數千裏，有蜀
物，此其去蜀不遠矣。……從蜀宜徑，又無寇'"。

　　原義就是，張騫說："我在大夏（即今阿富汗一帶）時，看見過
邛竹杖，蜀布，便問他們：'從哪兒得到這些東西的？'大夏的國人
說：'我們的商人到身毒國（唐朝時改稱為"天竺"即今印度次大陸地
區）買回來的。身毒國在大夏東南大約幾千裏……。'我估計，大夏離
漢朝一萬二千裏，處於漢朝西南。身毒國又處於大夏東南幾千裏，有
蜀郡（四川）的產品，這就說明他離蜀郡不遠了。……從蜀地前往，
應該是直道、又沒有侵擾者"

　　張騫沒有說錯，經現代科學文獻及考古證實，古代的確存在一條
從四川到西藏拉薩直至印度次大陸、阿富汗地區的商貿路線，即現在
所稱的絲綢之路南線（即南方絲綢之路）。

2.　南方絲綢之路即"蜀—身毒道"。大約西元前 4 世紀，中原群雄割
　　據，蜀地（今川西平原）與身毒（筆者注：身毒即天竺、印度次
　　大陸地區）間開闢了一條絲路，延續了兩個多世紀尚未被中原人
　　所知。
以四川成都為起點，經過邛崍，途經西藏拉薩和尼泊爾，最終抵達印
度、阿富汗。南線絲綢之路起用時間早於張騫出塞時期，其中中國境
內從四川至西藏的路段被稱為"茶馬古道"川藏線。

茶馬古道川藏線是中國古代的一條貿易路線，最少起源於西元前 2 世
紀，此觀點是基於歷史文獻和考古研究的結果，有一定的研究基礎和
依據。

茶馬古道由中國東部的茶區和西南的馬區沿著青藏高原貫穿而成。這
條路線主要用於運送茶葉、鹽和其他商品，流通到西南地區進行交
換。這段時間正是中國漢朝時期，這條路同時也是文化和宗教交流的
重要管道。

川藏線是茶馬古道的重要分支之一，主要從四川省成都、邛崍等地經雅安、康定進入西藏自治區。在歷史上，茶馬古道川藏線發揮了重要的商貿和文化聯繫作用，對於促進內地與西藏地區的交流和發展起到了重要的作用。

茶馬古道川藏線上有許多考古發現和證據，以下是其中的一些代表性例子：

在毗鄰西藏西部的南亞西北部地區，考古學家已經揭示一種分佈廣泛且內涵大致相近的新石器時代文化。多位學者已經注意到，這一傳統似乎和西藏的東部的卡若文化存在確鑿的聯繫，如斯瓦特河穀史前墓葬中曾發現東亞地區的玉珠、喀什米爾河穀的新石

器時代遺址中發現的籃紋陶器、穿孔石刀、半地穴房屋、石斧等，都是西藏新石器時代的常見之物。甚至在喀什米爾新石器墓葬中發現了一具蒙古人種的遺骸，這都表明南亞次大陸西北部的新石器時代文化與中國西藏地區的接觸是不容否認的，兩個地區之間不一定存在人口遷移，但可能存在文化特徵的滲透。

-----（摘自《絲綢之路世界遺產網》《西藏之西喜馬拉雅最早的山民如何生活？》2019-7-17 作者：呂紅亮作者系四川大學歷史文化學院教授、考古學家｜來自：西藏人文地理）

又如：中國西藏網 2018-03-26 登載作者霍巍的文章《從考古發現看西藏史前的交通與貿易①》中描述：

通過藏東三江流域沿雅魯藏布江西進至高原腹心地帶，並向南聯通四川與雲南山地，向西一直延伸到西藏西部地區。這條線路由於其充分利用了高原複雜地埋環境條件卜的河穀通道，既可陸行，亦可水往，相對高寒多山地帶的自然條件較為有利……。前文所論及卡若文化因素與喀什米爾布魯紮霍姆文化之間的聯繫、麥類植物的東漸、石棺葬文化因素的西傳等等，均可能通過此條通道互動往來。

……史前時期西藏高原與周鄰地區也形成了長期的交往與聯繫，從前節中列舉的考古發現來看，西藏史前文化與其北部的新疆，東北部的甘肅、青海，東南部的四川、雲南，南部和西南部的印度、喀什米爾等地，都有物質和精神層面的交流，……。漢藏文獻所記載的"食鹽之路""麝香之路""高原絲路"等等往往成為這些交通路線的代名詞。

……犛牛是青藏高原最具特色的交通工具。從拉薩曲貢遺址出土的家犛牛角證明，早在距今 3700 年以.西藏拉薩地區的原始居民已經開始馴養犛牛。犛牛……有"高原之舟"的美譽。……。從吐蕃時期青海都蘭郭裏墓出土的木棺板畫上繪有用來承載貨物的犛牛和駱駝的圖像可知，駱駝除了被稱為"沙漠之舟"可以暢行於黃沙大漠之中的"絲綢之路"外，同樣也是"高原之舟"，和犛牛同為高原上重要運輸工具。

……民族學資料顯示，今天藏北和藏西的牧民在傳統的"鹽糧交換"貿易中，還多選用一些體格強健的綿羊或山羊作為馱牲，組成數百只羊的馱羊群來馱運藏北鹽湖所產的鹽到藏南農區換取糧食，甚至遠至印度、尼泊爾、喀什米爾等境外進行商品交換。從阿裏日土岩畫中大量出現羊群畫面的情況推測，這一習俗可能起源甚早，或可上溯至史前時期。

這些文物和遺址的存在進一步證明了茶馬貿易的存在，並為茶馬古道的起源提供了實物證據。

二. 絲綢之路對中國數字系統字體形狀傳向西方的作用

西元前 120 年左右，張騫發現在大夏國（即阿富汗）早就（至少再往前推 200 年）存在有中國四川等地的產品通過蜀—身毒道與印度次大陸、大夏國進行交易。幾乎與此同時，古印度次大陸地區出現了與中國籌算書寫體系數字字體形狀一模一樣的數字書寫符號，被後世稱為婆羅門（或婆羅米）數字。

這種現象就是表明，當中國與印度次大陸有貿易往來時，次大陸地區出現了印度—阿拉伯數字系統的雛形，而此時的印度—阿拉伯系統在印度次大陸還沒發展完整，只是出現了幾個中國籌算書寫體系數字的符號，或是幾個中國十進位值制中的數目文字（見圖 6-3，前 250 年—前 100 年數字字體形狀及體系完整程度）。

我們無法去理解和證實這些與中國有著長期經濟交往的地區，在接受、引進了中國十進位值制數字系統的同時再去自己單獨創造一套與中國十進位值制的數字字體形狀（包含籌算書寫體系和漢語文字書寫體系）幾乎一模一樣的數字符號。並且這套數字系統還不符合其自身的文化特性和範疇。

而在中世紀、中國經濟鼎盛的唐、宋時期，北方絲綢之路的興旺、繁榮又與緊鄰絲綢之路的花拉子米、伊本·拉班、阿爾·卡西等印度—阿拉伯數字系統的推介者們的傳播（即著作）時間和地點緊密關聯。但其傳播的字體形狀卻不是符合阿拉伯本地或者印度次大陸文字範疇和特性的數碼字元，而是與中國同期正處於文化文字藝術高峰的行書、草書相同的漢語數目文字字體形狀相似的數碼字元。

我們同樣也無法去理解和證實這些數字的字體形狀是由阿拉伯或者是印度次大陸等地區的獨創事物。

因此，我們不得不認為是經濟貿易的發展，交易的頻繁促使了人們對科學的先進的記數系統的需求。而中國古代科學的先進的十進位值制及其數目文字書寫體系的字體形狀，依附頻繁的、旺盛的貨物交換而傳向印度次大陸和阿拉伯地區，是順理成章、水到渠成、自然而然的事情。

我們很難想像，沒有一個便捷的、大致統一的記數及換算系統，商人之間的交易會有多大的難度，絲綢之路的繁華也許就是一種奢望。從某種意義上來說，中國的十進位值制系統及其數目文字字體形狀就是人類世界第一種統一性文字，它促使全體交易參與者能夠快速地完成溝通、從而達成共識。

在這個過程中，不管是南方絲綢之路或者是北方絲綢之路，在中國數字系統字體形狀傳向西方的過程中都起到了關鍵的橋樑性作用，這種作用不容忽視。如果沒有絲綢之路的經濟流通和文化傳播，把中國的十進位值制及其數目文字字體形狀帶到世界，估計我們的世界目前還處於易貨換貨的蒙昧落後時代。

三．阿拉伯數字系統西傳的時間和階段

結合絲綢之路的開發使用時間和印度—阿拉伯數字字體形狀演化發展
的階段，我們很容易就能得出印度—阿拉伯數字從中國通過絲綢之路
傳向西方的線路圖如下（參見圖 7-1）：

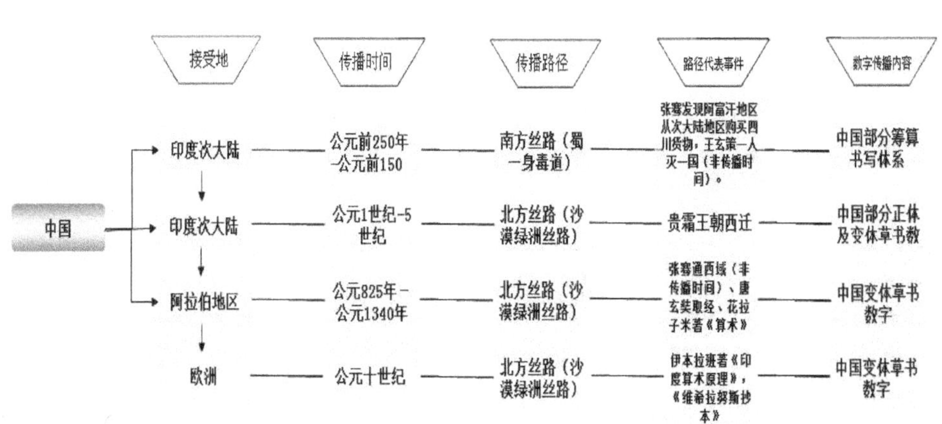

圖 7-1 中國數字西傳路線圖

對照前文的圖 6-3《印度—阿拉伯數字字體形狀的表達》中的印
度—阿拉伯數字的演變過程來看，其關鍵的幾次傳播演變，都
與絲綢之路上重大事件的時間背景和中國古代數目文字書寫體
系的演化息息相關，且高度契合。

如：中國的籌算書寫體系於西元前 250 年—西元前 150 年在印
度次大陸出現，但此時的印度次大陸正與中國四川地區通過
蜀—身毒道產生貿易往來，這種國際往來被張騫發現並由司馬
遷記載下來；

而在西元 1 世紀-5 世紀正是中國文字書寫體系逐步演化為草書
階段的時期，貴霜王朝的西遷，又把中國當時各種書寫形式的
數目文字通過北方絲路帶往印度次大陸，並被當地所保存；

而後在盛唐之後繁華蕃昌的北方絲路，把中國文字書寫體系中

書寫便捷的行、草巔峰的數目文字傳向西方，是印度－阿拉伯數字走向世界的關鍵一環。

以上所有的時間、地點和事件，形成了一個印度－阿拉伯數字字體形狀通過絲綢之路從中國傳播於世界的完整證據鏈，印度－阿拉伯數字系統字體形狀來源於中國的事實清楚，且證據確鑿。

到這裏我們本應該完成了整體事實的討論，但可能還是有不少的觀點會堅持認為沒有古代的文獻記載和考古出土資料直接證明阿拉伯數字起源於中國的事實，所以仍然會不認可我們的主張。那麼我們在這裏就再向大家介紹一種事實真相判定方法，即"證據鏈"認定法。

"證據鏈"一詞源於法學領域專業用語。《中華人民共和國刑事訴訟法》第五十五條規定：沒有被告人供述，但證據確實、充分的，可以認定被告人有罪和判處刑罰。且該條中明確了證據"確實、充分"的標準：結合所有證據，對所認定事實已排除合理懷疑。有了以上法律條文的支持，便產生了"證據鏈"認定方法和制度，即就算沒有直接證據證明事實，但依照現有的證據，對所認定事實已排除合理懷疑的，就可以認為證據確實、充分，從而判定事實。

"證據鏈"是指在證據與被證事實之間建立連接關係，相互關聯的若幹證據的組合。它們共同構成一個完整的證明體系，用以支撐某一事實或主張。

在沒有直接證據或者單獨證據不能直接證明被證事實的情況下即可以適用"證據鏈"認定方法，組成"證據鏈"的各個客觀證據不拘形式，"證據鏈"的證明力為各個證據的總和。當這些證據足夠充分、確實的時候，就可以形成完整的"證據鏈"來認定事實。

在日常生活中，"證據鏈"是指用於支持某一結論或觀點的一系列相關證據的有機連接。在邏輯推理和辯證過程中，構建完整的"證據鏈"是非常重要的。

舉例來說，如果要證明某人的無辜，可能需要通過各種證據來構建一個完整的"證據鏈"，比如物證、目擊證人證詞、時間線等。這些證據環環相扣，支持著最終的結論，即當事人的無辜。

我們無論是做決策還是表達觀點，都可以運用"證據鏈"的思維方式，以有條理、有邏輯地支撐自己的立場。

其實只要站在客觀公正的立場，稍加理解和分析，就不難發覺我們整篇作品中所主張的"證據鏈"條，即"四有一無"的理論基礎。在這裏，我們再簡要地概括如下：

1. 有利益關係

誰是起源地或發明地，誰就能體現區域文化的先進性，呈現文明的高度，得到世人的關注與尊重。如同我們現在提起工業革命就會想起英國發明的蒸汽機，說起資訊時代就離不開美國發明的電腦和互聯網。而英國和美國都成為了那個時代飽學之士追求知識真理的首選之地，經久而不衰，受到世人的讚譽和嚮往。

雖說印度次大陸不是自認為阿拉伯數字來源於印度次大陸本地區，但再沒有任何證據能夠證明印度－阿拉伯數字是印度次大陸本區域發明和起源的情況下，國際主流觀點卻認可阿拉伯數字起源於斯，其就屬於既得利益者了。這種利益是使其擠入受人矚目的四大文明古國之列的原因之一，進而得到世人的贊許。這種利益雖然不是自我標榜得來的，但其也絕對不願意去自我否定，從而失去既得利益。

2. 有動機

印度次大陸有接受、學習印度－阿拉伯數字系統的動機。學習先進的學術知識，將其應用於生產、生活、貿易之中，能極大地改善社會生存狀態，促進社會的發展。

3. 有條件

(1)有完成事實的時間條件的證據

對印度－阿拉伯數字體系來說，不論是數字的概念還是整個數字系統的規則，更甚至是數字自身的字體形狀，在古代中國出現的時間上都要遠遠早於印度次大陸和阿拉伯地區。印度次大陸和阿拉伯地區有接受、學習、傳播中國數字系統的時間條件。

(2)有完成事實的地理及地利條件的證據

地理上由於歷史資料的缺失及古代知識傳播者地理知識認知的局限性，無法準確地對印度次大陸與中國的地理位置進行清晰地表達，造成後人對印度－阿拉伯數字起源地認知的混亂；而印度次大陸與傳播地阿拉伯地區與中國西部地理位值的緊密相連，有著古代中國先進的文化科學技術西傳的近水樓臺先得月的地利優勢。這種地利優勢在古代中西文化經濟與政治陸地文明交流的背景下是不能被輕易忽視的。

(3)有完成事實所需人員條件的證據

印度－阿拉伯數字系統的引介和傳播者們除了本身是中國人外，其他人員基本上幾乎都是絲綢之路經濟帶沿線上的科學家，這為古代中國先進的科學文化知識西傳，提供了寶貴的人員基礎。同時也反映出中國古代原創的科技實力與水準。

(4)有促進完成事實的事件的證據

印度－阿拉伯數字系統推介者和傳播者們的傳播內容中含有大量古代中國先進的天文、數學等文化知識。他們在數學上的主要成就是發源於古代中國特有的算術、代數領域，而不是歐洲的幾何，直至十七世紀笛卡爾的出現。

(5)有完成事實的驗證體系的證據

中國古代算籌的演算過程形式及籌算數目文字的書寫表達方式是印度－阿拉伯數字系統起源地最直接的驗證體系，而印度次大陸卻沒有類似的證據。

4. 有完成事實的結果
印度－阿拉伯數字字體形狀的演化與中國漢語文化文字演變進程高度吻合，且字體形狀的對比判別不只是某一個案例，而是拿整個印度－阿拉伯數字體系的所有相對應的、相同概念的文字字形進行的比較，從而得出印度－阿拉伯數字字體形狀來源於中國的結果。

5. 無文化基礎
印度－阿拉伯數字字體形狀及整個體系規則不符合印度次大陸與傳播

地阿拉伯地區的文化規範，不屬於其文化範疇。所以印度次大陸及阿拉伯地區沒有獨立發明創造產生印度－阿拉伯數字字體形狀及整個系統的文化基礎。

用一段更精簡文字來表述整個事實的過程就是：印度－阿拉伯數字字體形狀及整個體系不屬於印度次大陸及阿拉伯本地區的文化範疇，是外來文化。而整個人類歷史中只有古代中國才有這種原生的包含十進位值制和字體形狀的獨創的數字體系，且能得到中國籌算體系和文字手書體系的驗證。印度次大陸及阿拉伯本地區由於有學習先進知識的需求，更具有得天獨厚的時間、地利、人員等優勢，在與古代中國的交往過程中首先學習和掌握了原生的包含十進位值制和字體形狀的中國獨創的先進文化並傳向西方，順帶獲得了更多的利益。

基於完整的、確實、充分的"四有一無"的"證據鏈"，在沒有直接證據證明阿拉伯數字體系（包括字體形狀）確切來源的條件下，我們考證、認定出"阿拉伯數字起源於中國"的客觀事實的結論是顯而易見、順理成章的事情，也是無可辯駁的。這是鐵打的事實，是任誰都掩蓋、抹殺不掉的。

第八章 當下才能做出數字形狀發源於中國結論的原因背景

藍麗容院士說"之所以能夠做出這個跨文明的重要發現（十進位值制），乃因以往西方數學史家不通中算史的中文文獻，而中國中算史家又不容易取得西方圖書館的文獻，而她自己則中西文獻可以兼而得之之故。"

那麼，我們現在能發現印度－阿拉伯數字系統字碼形狀來源於中國行書、草書等各種文字書寫系統，我們認為是出於以下一系列原因：

1.現代印度－阿拉伯數字在中國的使用時間比較短。

現代印度－阿拉伯數字傳入中國大約是 13 到 14 世紀。由於我國古代有一種計數法叫"算籌"及漢字草書書寫系統，寫起來比較方便，所以印度－阿拉伯數字系統並未被當時的中文書寫系統所接納，在我國沒有得到及時的推廣運用。

明末清初，中國學者開始大量翻譯西方的數學著作，但是書中的阿拉伯數字都被翻譯為漢字數字。

本世紀初（20 世紀初），隨著我國對外國數學成就的吸收和引進，印度－阿拉伯數字字體在我國才開始慢慢使用，阿拉伯數字在我國推廣使用才有 100 多年的歷史。

可以說，阿拉伯數字歷經近千年歲月，一直未能在中文書寫系統中站穩腳跟，這也體現了漢語數字在幾千年中華文明傳承中的穩定性。

同時還極有可能是早期的手抄印度－阿拉伯數字系統數碼形狀與中國草書、行書數目文字的字體形狀極其相像，所以統治階層和文化階層都認識，並認為無非是中國文化的西傳而已，所以才會對其不屑一顧。

這一點可以從印度－阿拉伯數字系統手抄體的傳播方向可以得出相關的印證。

按道理來說其是絲綢之路經濟帶上東阿拉伯首先推介的，那麼應該經由繁忙的商品交易通過商路大動脈首先進入中國西部大陸才對。

大家都知道水往低處流、高科技應該會向低科技地區進行輻射的道理。這是很正常的事情。

為什麼到印度－阿拉伯數字系統的傳播方向上卻相反了呢？尤其是在大商路這樣繁忙的交易背景下，越簡單，越能清晰表達計算方式和結果的印度－阿拉伯數字系統不是更適合買賣交易場景嗎？印度－阿拉伯數字系統進入歐洲流行只用了 1 百-2 百年時間，而進入中國大陸卻用了整整一千年，比數字系統更複雜的其他現代科技，比如現代化學進入中國也就 1 百-2 百年時間，印度－阿拉伯數碼形狀字體進入中國卻需要千年，這太匪夷所思了。

這只能有一個答案，就是中國必定有一套至少與其一樣簡單，快捷，方便，易懂的文字數碼形狀書寫體系，甚至是印度－阿拉伯數字字體形狀的母版才能符合邏輯。

而當印度－阿拉伯數字系統印刷版本書籍印刷體數碼形狀出現在中國的時候，基本上其字體形狀變化與中國漢語數目文字各種書寫形式的字體形狀相差過大、大到不經過深入考究就無法辨認其為中國文字變體的程度，其便利性也得到了普遍性認可，所以才會流傳開來。

2.中國社會自古以來士農工商的社會群體中，商業群體及文化階層都是最不受統治階層重視的，更不用說在商業交易過程中所發生的各種繁枝末節的文字書寫現象。

建國之初的中國社會對工農兵學商群體的重視程度也是輕視文化界及商業界人士，一段時間內臭老九的社會地位也是非常低的，沒有什麼人會有動力去研究印度－阿拉伯數字系統字體形狀的真正起源。

直到改革開放之後文化人（不僅僅是官科）的社會地位得以改善，隨著經濟生活水準的提高，掃盲運動的普及開展，愛國的熱情高漲，研究各門科學的真正歷史來源也成為文化自信的一種表現形式，對數學史的研究也日益廣泛深入起來。

3.文化階層對文字要求規範、工整、整齊的原因

一直到今天，這種文字符號書寫的規範要求仍然根深蒂固，被視為正統，各種字體規整的臨摹字帖比比皆是，唯獨草書字帖是鳳毛麟角。

字跡潦草，隨手塗鴉被認為是不入流，被文化層排斥，尤其在教育界更是如此。

當然，這也有草書字體無法統一、不好識別辨認的獨特特徵問題。

4.百人百字，個個不一

前文我們說過，凡寫得潦草的字都可算作為草書，這種信手寫的不規範的潦草的文字就會因人而異，各有不同。甚至書寫人在寫字時的個人原因都會造成不同的字形，比如當時的環境心境、運筆行筆的角度、快慢、力度輕重、墨水的飽滿程度、用筆的好壞等等，比如張旭寫的草書"九"字，如圖：，這種潦草的字隔久了甚至連寫字的人本身也難以辨認識別。這還是書法大家所寫的字體，如果是普通的流動商販、底層的勞動民眾所寫的字可能更加難以讓人識別，更不用說間隔幾百上千年的時間再去做鑒別了。

5.從眾、信服權威

藍麗容院士說過"雖然稱之為印度－阿拉伯數字系統，卻無任何證據顯示這數字系統是起源於印度。那些曾寫過有關文字的人以為既然阿拉伯人叫它們印度數字，那它們自然是來自印度的。"

我們再來看看寫過有關文字的都是些什麼人。

第一位推廣者，是跨越國界的、掌握著生殺大權的西爾維斯特二世教宗原名冀培爾（熱貝爾 Gerbert d'Aurillac）的羅馬教皇（教權大於王權的教皇）。

第一位寫作者，是代數之父花拉子米。可說是數學定型者。

第一位翻譯《印度算術》者，大數學家斐波那契。

這些偉大的科學家們都說印度－阿拉伯數字來自於印度，誰又敢去質疑呢？

但隨著李約瑟院士、藍麗容院士、羅伯特·坦普爾教授、聖安德魯斯大學數學與統計學院等一大批專家學者對十進位值制來源研究成果和結論的公佈，這種情況出現了改觀。

6.地理認知的缺乏

在地球地理知識認知情況方面，中國普通民眾比西方國家可能還要滯後。除了歷史上絲綢之路和鄭和下西洋的少數交流外，直到清末民初才出現大規模的留學潮流。

而這段時間卻是中華文明發展的低峰期，民族危亡，政局混亂，直到新中國的建立才迎來國家民族的穩定發展。

從此時起，中國人才開始真正地探索和研究這個世界。更由於文化科技的發展，讓地球村的概念得以實現，中國人對地理知識的掌握才逐步完整。

而印度國這個國家的成立是 1947 年，早於新中國的誕生。甚至還有更早的印度河流域的地理區域概念，所以在新中國改天換地的歷史背景下，在改革開放之後才正面瞭解世界的條件下，自然而然地對'印度'這個地理概念沒有任何形式的疑問了。

7.籌算、毛筆書法、書寫載體的逐步淘汰和替換隨著時代與科學技術的進步，一些古老的文化遺產被逐步邊緣化和淘汰，讓大家對當初的環境難以聯想。

籌算被算盤取代，籌算的計算方式被遺忘，讓大多數人無法對阿拉伯作者文獻中的中國元素來源進行對比考究；

樹枝手寫及刀刻的書寫形式被毛筆取代、毛筆又被鉛筆、鋼筆、圓珠筆等硬筆邊緣化等，讓人們對筆法筆劃的變化逐漸淡忘；

文字的載體從竹片木片變為紙張等等種種重大變化，使書籍文獻成冊簡單，卻使人們無法準確地還原當時的文化傳遞背景。

而且原始載體極其不易保存的特性使得原始資料佚失、流失、消滅成為簡單容易的事情。

8.普通話的推廣及數字計算器的使用，使客商與攤販即時交易場景發生改變，讓人們無法對上千年前的商品買賣環境發生聯想。

普通話推廣後，全國不同方言的溝通變得順暢，異地顧客買賣之間交流變得容易，直接用普通話報出數值變得簡單易懂，基本上出現因語言不通而當場出價還價、現場計算總金額然後書寫在文字載體上再給顧客看的情景很少。

9.現代人的思想固化，不易變通

在中國的文化傳統之中，精英階層有很多認為知識的傳播僅限於書本，忽略了生產生活實踐中也能產生知識並進行流通傳遞的可能，考慮不到商業交易交流中知識傳播的簡潔、快速、單一、斷續等特性。

印度－阿拉伯數字系統的發掘者、引介人本身的學識並不是直接從書本上學來的，其並沒有說自己的著作出自哪些書籍，也沒有談到進入到哪家學院、學宮、學佫、大學中學習到的計算知識。而是在交易實踐過程中學習觀察看到的，而且是片段的、碎片化地觀察，不是連續性的，系統性的。

比如早上接觸個買賣，產生一次交易計算過程；下午再觀察到一個客商與攤販的交易；明天再接觸個結算流程，晚上再與幾個商人坐在一起回顧計算過程等等，諸如此類。

我們可以瞭解到，確認世界足球發源地來源於中國的成功，主要還是依靠中國歷史文獻中對蹴鞠文化的詳細表述。比如早期足球形狀、比賽形式、比賽規則，及其整體發展演變的過程。

足球最早起源於我國古代，後來同樣是經過阿拉伯人傳到歐洲，發展成現代足球。

2004 年初，國際足聯確認足球起源於中國，"蹴鞠"是有史料記載的最早足球活動，所以說，足球的故鄉是中國。

之所以蹴鞠活動能被如此詳細記錄於中國古代史籍，也是因為其與統治階層的關注程度和軍事需求相關。

但大家都知道，民間商貿活動，尤其是邊境偏僻地帶買賣行為的詳細過程是不可能進入到中國寶貴的文獻史籍中的。

因此，如果只是在古典文史文獻資料中查找印度－阿拉伯數字系統及字體形狀演變過程，那將是一件極其不合實際，不符其發展規律的事情。

10.商業階層缺乏對外來高端純數字的研究興趣。

印度－阿拉伯數字系統在中國推廣之前，因有本土成熟的規範的數字計算書寫體系，所以商業階層對其並未產生濃厚興趣。

其在中國推廣開來之後，印刷體規範後的字體形狀與本土原正規書寫字體形狀相差太大，而且還是與西方數學整體知識研究成果一起進行引進的，所以並未引起知識界和商界人士產生相應的關聯疑問。況且對其來源的研究也得不到什麼實際現實的利益，因此本土知識群體和商業群體同樣沒有對其產生強烈的興趣。

11.得益於我們對中華文明文化歷史的興趣、對商業交易場景的熟悉、對互聯網知識的掌握、得益於李約瑟院士、藍麗容院士、羅伯特·坦普爾教授的研究成果，及各位學者及網友們對知識持之以恆的艱苦探尋。

藍麗容院士的考證，使我們懂得了印度－阿拉伯數字系統中的十進位值制來源於中國；

楊曉春教授和白興華教授的研究使我們知道了古代"印度"是個大的東亞地理區域概念，其中包含中國；

李嶽伍先生的文章使我們瞭解到花拉子米是古代的中國人；

吳文俊院士和紀志剛教授的文章使我們考慮'到了古代絲綢之路繁榮昌盛時的中西文化交流。

之所以現在能做出阿拉伯數字系統字體形狀發源於中國結論的原因和背景，還可能在於我們處於這個幸運的時代。全民文化的提升、科技手段的增強、毛筆傳統沒有滅失、電腦網路全面普及、商業貿易迅猛發展、一帶一路如火如荼、民族復興方興未艾等等，這種種的因素與時代的背景給了我們穿越千年、破除迷障，去探索和發現未知世界的平臺和契機，這是我們的幸運，也是前人的無奈。

第九章 <u>寫在最後</u>

中國是歷史悠久的文明古國，勤勞智慧的各族兒女在創造性生產勞動和社會生活中，譜寫了中國古代科技發展的光輝篇章。從遠古製作石器工具、夏商周時期的科技探索，乃至歷朝歷代在農業、工業、建築、醫學、水利、天文、算學、曆法、化學等各領域所取得的成就，照耀著中華文明之路，成為世界科學文化遺產的重要組成部分。

明清之前中國出自天文曆法、數學、農業、地理、醫藥、水利、建築、物理、化學、陶瓷、冶煉、印刷、造紙、紡織、造船等科技領域的重大成果，遠遠領先於同時期歐洲水準，這不是偶然的社會現象，而是有著深刻文化內涵。

中華文明不僅有四大發明和絲綢茶葉瓷器等偉大發明。還有李約瑟院士、羅伯特·坦普爾教授等考證出來的更多偉大的科技成就。

美國學者羅伯特·坦普爾在《中國的天才》和《中國：發明與發現的國度》書中指出："作為三千年來無可爭議的發明與發現大師，中國人……在工程、醫學、技術、數學、科學、運輸、軍事和音樂等領域的貢獻，（在 18 世紀）激發了歐洲的農業革命與工業革命。有許多在現代看來是司空見慣、理所當然的東西，而它們則都是中國起源：從機械鐘到馬具、煉鋼，以及石油和天然氣的開採。長期以來，這些和許多其他的中國的原創成果，一直都被遺忘，或是蒙在鼓裏。那些奠基現代世界的發明與發現，可能有一半以上均來自古代中國。"
（參見圖 9-1）

中国古代科技发明世界地位变化统计表

年代	科技发明	中国		其他国家	
		件	百分比	件	百分比
公元1-400年	45	28	62%	17	38%
公元401-1000年	45	32	71%	13	29%
公元1001年-1500年	67	38	57%	29	43%
公元1501年-1840年	472	19	4%	453	96%

圖 9-1 中國古代科技發明世界地位變化統計表；數據來源：羅伯特.坦普爾《中國—發明和發現的國度》

英國學者懷海德在《科學與現代世界》《西方文明的東方起源》作者約翰·霍布森、《全球通史》作者斯塔夫裏阿諾斯在其著作文獻中都持此觀點，贊同中國是"有史以來最偉大的文明"。並認為'西歐人拿來了中國的發明，竭盡全力發展它們，並將其用於海外擴張。這種擴張反過來又引致更大的技術進步。'

但 2016 年 8 月 31 日《光明日報》發表了上海師範大學張允熠教授的文章《樹立文化自信必須破除西方主義》表述道："有人質疑：3000 年前古埃及就使用了莎草紙，德國人古騰堡發明了手搖印刷機，諾貝爾發明火藥獲得了專利，怎麼能說這是中國古人的發明？"

那些人連舉世皆知的"四大發明"都能否認，都能說成是西方的發明；十進位值制是中國發明的都鮮有人知，更缺乏報導宣傳及教材推廣。那麼中國古代的其他科技發明、文化產品，還能得到應有的地位嗎，其原創發明的事實還能被客觀肯定嗎？如以拉丁文命名的雲南大葉茶種"阿薩姆"；以"物理"命名的中國古代科學名詞"格致"等等。

中國文人自古就有"為往聖繼絕學"的文化信念。何謂絕學，我們以為所謂絕學包含著兩個層面的含義：其一，卓爾不群的、開天闢地的學問、學術；前無古人後無來者的學問、學術是為絕學；其二，失傳、中斷了的學術傳統是為絕學。

其對我們有著深遠的意義和影響。通過"繼絕學"，不僅有助於我們更好地瞭解過去的歷史真相和經驗智慧，還能夠為現代社會帶來新的啟迪和借鑒。

我們認為中國古代的十進位值制數字系統及其配套的數目文字就是"絕學"，其一，十進位值制及其配套的數目文字的創造，是中國古代卓越的文化科學成就。可以毫不誇張地說，如果沒有這套計數系統的創造和傳播，人類世界的計算、交流和科學體系的發展將變得更加困難，整個人類社會的文明進步將會變得無比緩慢。

其二，印度－阿拉伯數字系統表面上好像是近代從西方引進到中國的，實際上卻是中國古代數學科學西傳後，經過西方的本土適應性變化所展示出來的與中國原創數目文字迥異的表現形式及字體形狀、是"少小離家老大回...兒童相見不相識"，是中國古代學術的異樣回歸，

是表面斷絕的實際上卻一直延續著的傳統文化遺存，是為絕學

而"往聖"就是中國古代的勞動人民。勞動人民是社會發展的決定性力量，他們通過勞動和創造，不斷推動著社會的進步和發展。

勞動人民是社會生產的主體。他們通過勞動創造物質財富，滿足人們的基本生活需求，同時也為社會的經濟發展提供了基礎。在漫長的歷史長河中，勞動人民不斷探索和創新，發明了許多生產工具和技術，提高了生產效率，推動了社會的經濟發展。

勞動人民是推動社會進步的重要力量。他們通過創造文化、藝術、科技等方面的成果，豐富了人類文明的寶庫，推動了社會的進步和發展。例如，中國的四大發明——造紙術、印刷術、火藥、指南針，都是由中國古代勤勞智慧的勞動人民發明和創造的，這些發明對人類的文明進程產生了深遠的影響，十進位值制數字系統及其配套的數目文字也是如此。

因此，可以說歷史是由勞動人民創造的。正是勞動人民的辛勤勞動和智慧，才推動了社會的進步和發展，創造了人類文明的輝煌歷史。

站在歷史的長河中，我深感榮幸與自豪，因為我能夠仰望那些偉大而光輝的中華民族先祖。他們是我們文化的奠基者，是智慧的源泉，是勇氣的象徵。他們用勤勞的雙手，在這片廣袤的土地上創造出了燦爛輝煌的文明，如同萬古之火，光芒四射，為我們後世子孫奠定了堅實的文化基礎。

今天，當我們享受著現代科技帶來的便利同時，不應忘記那些為中華民族繁榮富強付出過努力的先祖們。讓我們懷著感恩的心，向這些偉大的先輩們致以最崇高的敬意。

現今的"為往聖繼絕學"即是繼承和發揚中國古代勞動人民優良的學識、智慧和創新精神。

如果說我能夠幸運地憑藉相關的知識和方法探索到阿拉伯數字起源於中國的真相，那麼在當今中國有將近幾億比我更有學歷和能力的高端人士，必定也能做出比我更加出色的成績。

那麼這些沉寂、埋沒的歷史真相將有極大的可能被大家的努力所發掘，這是我們這些歷史中人應該盡到的歷史責任和義務。不然在日新月異、瞬息萬變的時代，這些真相可能會隨著一些現有技術的淘汰將永久淹沒，這些技術有如籌算、珠算等等。

正本溯源，察古鑒今，追求真相，澄清事實，讓更多人對中華文明在世界文明史上應有的地位有更系統的認知，提高文化覺悟，激揚華夏子孫的文化認同，樹立強大的民族自信，減少人才外流，推動愛國的高級知識份子和人才回歸祖國懷抱，為祖國效力，弘揚中國優秀的傳統文化，為中華民族的偉大復興添磚加瓦，我們這代歷史人責無旁貸。

參考文獻：

1. 藍麗容，《中國科技史料》第 16 卷第 3 期 1995 年：54-57 頁《數學在傳統中國的歷史：個人經驗談》；

3. 藍麗容《雪泥鴻爪朔數源》1992 年；
4. 張蒼、耿壽昌西元一世紀《九章算術》；
5. 祖沖之《大明曆》（463 年）；
6. 劉悼《皇極曆》（604 年）；
7. 紀｜剛|郭｜園|呂鵬《西去東來：沿絲綢之路數學知識的傳播與交流—--江蘇人民出版社 2018 年 11 月；
8. 老子《道德經》；
9. 張曉泉網文《阿拉伯數字的隱藏資訊》《維希拉努斯抄本》；
10. 大象｜會|韓索虜《一個新疆文盲古董販子，如何騙過斯坦因、斯文赫定、季羨林》；
11. 曹則賢《物理學咬文嚼字之九十九：西文科學文獻中的數字》，《物理》2018 年第 6 期；
12. 中國國家圖書館中華古籍資源庫；
13. 伊本·拉班《印度算術原理》；
14. 花拉子米《算術》；
15. 趙爽《周髀算經》；
16. 佚名《孫子算經》；
17. 《趣｜史|中國曆朝 GDP 及世界排名，看中國有多強大》澎湃新聞 2019.10.30
18. 中華全國世界語協會網《世界主要文字體系，你能分清嗎？》2021.11.19；
19. SISU｜研|藏品博覽系列十一：紙幣上的婆羅米文字（北系篇）上海外國語大學 2022.3.29；
20. 《那些"大神"級的古代地圖》，搜狐，學苑出版社官方 2018.1.4；
21. 張暢《中世紀的人，安心接受自己只是世界的一個｜件|專訪包慧怡》《讚美詩地圖，十三世紀英國。》新京報 2018.10.30；
22. 《李軍：圖形作為知識—十幅世界地圖的跨文化旅行》中央美術學院藝術資訊網 2020.11.13；
23. 斌格謙《英國 2015 年才知道的東西，我們已經使用了上千年》2017.8.13 搜狐網；
24. 《數學歷史大：破:英國學者研究指西元 3 世紀印度巴赫沙利手稿最早應用數字 O》神秘的地球網 2017 年 9 月 16 日；
25. 織田得能著，丁福保譯《佛學大辭典》中國書店出版社 2011.7 第一版；

26. 容庚編著，張振林，馬國權摹補《金文編》455 頁中華書局 1985 年 07 月 01 日；
27. 李學勤，趙平安《字源》天津古籍出版社；遼寧人民出版社．2013.07．563，599，616，617，1266-1267 頁；
28. 徐灝《說文解字注箋》1808 年；
29. 陳政著《字源談趣 800 個常用漢字之由來》北京．新世界出版社．2006.07．349-350；
30. 《甲骨研究穿越千年與古人對話》杭州日報 2021-05-13 14:34 記者、編輯孫樂怡
   https://baijiahao.baidu.com/s?id=1699624684509031580&wfr=spider&for=pc；

31. 希羅多德《歷史》；
32. 吳文俊《吳文俊論數學機械化》山東教育出版社，1996.7；
33. 李約瑟《中國科學技術史》；
34. 阿爾·卡西 al-Kāshī，約 1380~1429《論圓周》；
35. 《立成算經》；
36. 李悝（約前 455-前 395 年）《法經》；
37. 瞿曇悉達西元 718 年《開元占經》104 卷演算法，1089 頁，譯自印度次大陸的《九執曆》；
38. 丹齊克．《數學、科學的語商務印書館書館，1977.
39. 黃心川《南亞大辭典》：四川人民出版社，1998 年 2 月：第 47 頁；
40. 中國科普博覽網數學博物館《人們對零的認識經歷了相當漫長的過程！》；
41. 顧炎武在《金石文字記：岱嶽觀造像記》；
42. 中國社會科學院考古研究所《殷周金文集成》中華書局 2007.1.1；
43. 婆羅摩笈多西元 628 年《婆羅摩修正體系》；
44. 《五星占》；
45. 曹英瀚《【輕閱讀】古籍裝幀》-齊魯晚報網大眾報業·齊魯壹點 2020-08-09 09:26
   《睡虎地秦簡《艮山》圖》；

46. 劉四旦《李亮：墓室裏的中國古代星圖》《西安交通大學內出土前 23 年西漢墓天文壁畫星圖》搜狐網科學出版社 2021.3.21；
47. 劉悼《皇極曆》（604 年）；
48. 《燕樂半字譜》747 年；
49. 徐鉉《說文解字注》西元 986 年；

50. 蔡元定《律呂新書》；

51. 西安市地方誌辦公室 xadfz.xa.gov.cn《電視劇《白鹿原》中的國家級非物質文化遺產——藍田普化水會音樂》發佈：間:2017-10-25 09:58

52. 1180 年金朝《重修大明曆》：《金史》卷二十一，卷二十二；

53. 秦九韶《數書九章》1247 年；

54. 李冶《測圓海鏡》（1248 年）；

55. 唐順之《與莫子良主事書》；

56. 趙彥衛《雲麓漫鈔》；

57. 華蘅芳《學算筆談》；

58. 丁度《集韻》1039 年；

59. 羅伯特·K·G·坦普爾《中國：發明與發現的國度》；

60. 陸九淵《與傅聖漠》；

61. 阮元《疇人傳》；

62. 克利福德·皮寇弗著、陳以禮譯重慶大學出版社 2015 年 10 月 9 日出版《數學之書》；

63. 李嶽伍《花拉子米是古代中國的一個邊疆之民》；

64. 中國科普博覽網《中國古代的算籌和籌算》；

65. 中科院科普雲平臺中國科普博覽《古印度數學史》；

66. 中科院物理所 Jesus Najera《要是沒有這個數字，你可能連買菜都困難重重》；

67. 駢宇騫《出土簡帛書籍題記述略》提要；

68. 藺長旺《曾被黃土塵封的中華"古天文"》；

69. 劉安華《數的產生與發展》；

70. 史有為《再談數字"〇"》；

71. 柳延延《"〇"的意義》；

72. 張吉宏《中國數學著作小史》；

73. 淩光明《中國古人發明的金額大寫始於何時？》；

74. 焦鄭珊《小數字中的無限可能》；

75. 帕利斯.巴尼斯《數學是什麼》第 81 頁；

76. 紀志剛《"一個人的狂想曲"推動絲綢之路國家數學的交流研究》，文彙報 2019.5.17；

77. 楊曉春《蒙古時代歐洲對於中國地理的新認識（1245-1355）》.《"中國"與"印度"》（《學術研究》2005 年第 5 期）；

78. 白興華《走進古希臘醫學》；

79. 榮耀艦隊/橙湖工作室，44 期《古老波特蘭海圖中的"奢侈品"一記"加泰羅尼亞 1375"》；

80. 王靜《中世紀歐洲人有著怎樣的世界觀》；

81. 吳文俊《做學術不要總跟在別人後面跑》；

82. 李兆良《中國算符是世界科技之源》；

83. 宋念申《發現東亞》；

84. 徐澤林《數學史概論》；

85. 李文林《數學史概論》第 2 版，高等教育出版社，2002 年版，107 頁；

86. 魏鳳文、武軼《科學史上的 365 天》，2018 年清華大學出版社出版；

87. 賀金波、劉曉《數碼字"〇"的起源》《集團經濟研究》2007（000）01X；

88. 馮天瑜《漢字文化圈及中華元素》，來源：《中國文化生成史》2013.12.1；

89. 梁宗巨《數學家傳略辭典》山東教育出版社，1989:241-243；

90. 王先謙《十朝東華錄》；

91. 張允熠《樹立文化自信必須破除西方主義》2016 年 8 月 31 日《光明日報》；

92. 曹培英《數學課程標準核心詞解讀之符號意識》《追尋數學本質》2022.9.11；

93. 李零《漢字起源是個謎，原題：誰是倉頡-關於漢字起源問題的討論（上）》2016.1.17《東方早報·上海書評》；

94. 張欣《漢字構形學視野下的武周新字》長安學刊 2019 年 1 期 2019.3.17；來源齊元濤，武周新字的構形學考察[J].陝西師範大學學報（哲學社會科學版），2005，34（6）：78；

95. 九原函夏《科普丨為什麼其他國家大多用拼音文字而非方塊字》2021.8.10 來源：元任對外漢語；參考網，語數外學習，高中版下旬 2020.9.10《秦九韶與數書九章》；

96. 司馬遷《史記.大宛列傳》；

97. 呂紅亮《西藏之西喜馬拉雅最早的山民如何生活？》摘自《絲綢之路世界遺產網》2019-7-17 來自：西藏人文地理；

98. 霍巍《從考古發現看西藏史前的交通與貿易①》摘自《中國西藏網》2018-03-26，來源中國藏學；

99. 《中華人民共和國刑事訴訟法》2018 年 10 月 26 日版

100. 阿弗烈·諾夫·懷海德《科學與現代世界》；

101. 約翰·霍布森《西方文明的東方起源》；

102. 勒芬·斯塔夫羅斯·斯塔夫裏阿諾斯《全球通史》；

103. 賀知章《回鄉偶書》。

注：本作品所有引用的名人字體字源形狀均來源於各媒體、網路毛筆書法字形檔及書法愛好者提供的書法圖片。

本作品涉及到的公共領域的梵文字體及印度－阿拉伯數字字體形狀演化的樣本，均參考自以下專業性網站：

1. https://www.omniglot.com/

2. https://enjoylearningsanskrit.com/

3. https://scriptsource.org/cms/scripts/page.php

4. https://muslimheritage.com/

5. http://www.visiblemantra.org/

6. http://www.visiblemantra.org/alphabet.html

www.ingramcontent.com/pod-product-compliance
Lightning Source LLC
Chambersburg PA
CBHW050513160726
48003CB00001B/287